JN289826

化学新シリーズ

編集委員会：右田俊彦・一國雅巳・井上祥平
岩澤康裕・大橋裕二・杉森　彰・渡辺　啓

X線結晶構造解析

東京工業大学名誉教授
理学博士
大　橋　裕　二 著

東京 **裳 華 房** 発行

X-Ray Crystal Structure Analysis

by

Yuji Ohashi, Dr. Sci.

SHOKABO

TOKYO

JCOPY 〈出版者著作権管理機構 委託出版物〉

「化学新シリーズ」刊行趣旨

　科学および科学技術の急速な進歩に伴い，あらゆる分野での活動に，物質に対する認識の重要性がますます高まってきています．特にこれまで，化学との関わりあいが比較的希薄とされてきた電気・電子工学といった分野においても，その重要性は高まりをみせ，また日常生活においても，さまざまな新素材の登場が，生涯教育としての化学の必要性を無視できないものにしています．

　一方，教育界では高校におけるカリキュラムの改訂と，大学における「教養課程」の見直しが行われつつあり，学生と学習内容の多様化が進んでいます．

　これらの情勢を踏まえ，本シリーズは，非化学系をも含む理科系（理・工・農・薬）の大学・高専の学生を対象とした2単位相当の基礎的な教科書・参考書，ならびに化学系の学生，あるいは科学技術の分野で活躍されている若い技術者を対象とした専門基礎教育・応用のための教科書・参考書として編纂されたものです．

　広大な化学の分野において重要と考えられる主題を選び，読者の立場に立ってできるだけ平易に，懇切に，しかも厳密さを失わないように解説しました．特に次の点に配慮したことが本シリーズの特徴です．

1) 記述内容はできるだけ精選し，網羅的ではなく，本質的で重要なものに限定し，それを十分理解させるように努めた．
2) 基礎的概念を十分理解させるために，概念の応用，知識の整理に役立つように演習問題を章末に設け，巻末にその略解をつけた．
3) 読者が学習しようとする分野によって自由に選択できるように，各巻ごとに独立して理解し得るように編纂した．
4) 多様な読者の要求に応えられるよう，同じ主題を取り上げても扱い方・程度の異なるものを複数提供できるようにした．また将来への発展の基

礎として最前線の話題をも積極的に扱い,基礎から応用まで,必要と興味に応じて選択できるようにした.

1995年11月

編集委員会

はじめに

　著者がX線結晶解析を始めたのは1964年で，今から40年も前のことである．1913年にブラッグ父子によるNaClの結晶構造が発表されてから50年が経過していたが，実験手段も解析方法もそれほど進歩していなかった．X線の発生装置やX線管球が改良されて簡単にX線を出すことができるようになり，回折データを記録する写真フィルムの感度が良くなったが，桁違いに速くデータがとれるということにはなっていなかった．1964年当時でもデータ測定に半年近くかかっていた．回折データが測定できても，さらに長時間の構造解析の計算が待っていた．計算の手段といっても，そろばんや手回し計算機が主流であり，ようやく記憶メモリーが8Kバイトの電子計算機が登場したばかりであった．現在の電卓なみである．1個の結晶解析に数年が費やされるのは当然であった．X線結晶解析は得られる情報は大きいが，そのための労力はあまりにも大きいというのが率直な感想であった．著者と同世代の方々もそう思われていたようである．

　その当時の著者も何となく感じていたが，実はこの1960年代という時代は，X線結晶解析がまったく新しい時代に移る幕開けの時代であった．同形置換法という解析法が登場して，ミオグロビンやヘモグロビンなどのタンパク結晶の構造が解析され，生命現象を分子構造から解明する道筋が切り開かれたのである．直接法という解析法が実用化されて，構造解析で難問とされてきた位相問題がほぼ解決できた．さらに有利なことに，コンピュータが発展して，膨大な計算が大型計算機からミニコンやパソコンでもできるようになり，長時間の計算という重圧からも解放されたのである．

　解析法の進歩に歩調を合わせて，X線発生装置も管球型から回転対陰極型（ロータ）発生装置に置き換わり，さらに放射光が登場して，2～3桁以上強い

X線が得られるようになった．回折装置の方も，1960年代に4軸自動回折装置が登場して，1週間でデータ測定できるようになったが，最近ではイメージングプレートやCCDなどの二次元検出器を使って，2〜3時間でデータ測定ができるようになった．ごく最近，わずか2秒でデータ測定できる新しい検出器も開発された．分析手段としては，その情報量でも測定時間でも最強の手段になったと言えるであろう．この激動の40年間に研究できたことは著者にとって非常に幸運であった．

　このように解析が速くなると，単に構造を知るだけでなく，外部から光や熱を与えることで，結晶の中で分子が変化する過程も追跡できることまで明らかになってきた．今後，X線結晶解析は，「分子の構造を見る手段」から「分子が変化する過程を見る手段」に進化すると予想される．

　しかし，X線結晶解析には最後の問題が残されている．結晶にしなければ回折現象は起こらないということである．どうしたら結晶ができるかという問題はいまだに解決されてはいない．しかし結晶化が非常に困難だとされてきたタンパク質や核酸などの生体分子も，結晶化に成功する確率がかなり高くなっている．溶媒分子や対イオンを変えることや，場合によっては複合体を作ることで結晶化できることもある．置換基を変えてもよければさらに容易になるであろう．

　実際，X線結晶解析をぜひやってみたいと思われる方は年々増え続けている．しかし，回折現象の理論や結晶の対称や位相問題など複雑すぎて頭が痛いと言われる方も多い．けれども著者は，X線結晶解析の根幹のところは数学的に非常に厳密であるので，一度理解されれば実は非常に分かりやすい理論だと思っている．何とかそのことを実証しようとして本書を書くことにした．20年以上にわたって，著者の勤務したお茶の水女子大学と東京工業大学のほか，全国の数多くの大学で講義した経験に基づいて分かりやすくしたものである．これから結晶解析を始める方を対象にしているので，必ずしもすべての数式を理解しなければ結晶解析ができないというわけではない．しかし内容を減らしてしまうと，読者は結局また別の本に頼らなければならないので，X線解析

を自分で行って論文投稿するまでに必要な最低限の知識は盛り込んでいる．

　X線回折実験でなぜ結晶構造が得られるのかという疑問をとりあえず解消したいという方は第2章まで読んでいただければよい．結晶構造解析を行う上で一通り必要な知識を得たいという方は第4章まで読んでいただければよい．自分でマニュアルを読みながら結晶構造解析を行い，その結果を学術誌に投稿したいという方は第7章まで全部読んでいただきたい．

　本書を書くに当たってご協力いただいた東京工業大学の植草秀裕 助教授，関根あき子 助手をはじめ研究室の皆さんに深く感謝する．また尾関智二 助教授には第7章の内容について大変お世話になりました．

　最後に，本書の内容を検討していただいた編集委員の一國雅巳先生，渡辺啓先生には深く感謝します．文章に合わせて図を描いていただいた大橋淳史博士と，出版に当たっては裳華房の小島敏照さんに大変お世話になりました．深く感謝いたします．

　2005年8月

大　橋　裕　二

目　　次

第1章　構造を知る

1.1　X線の発見と結晶構造解析への
　　　適用 …………………………2
1.2　X線の性質 …………………………9
1.3　回折法の特徴 ……………………12
演習問題 ………………………………14

第2章　X線による散乱

2.1　1個の電子による散乱 …………17
2.2　X線の干渉 ………………………18
2.3　原子による散乱 …………………23
2.4　単位胞からの散乱 ………………26
2.5　結晶からの散乱 …………………27
2.6　逆格子の考え方 …………………30
2.7　逆格子と実格子の関係 …………31
2.8　ブラッグの条件 …………………34
2.9　回折の条件 ………………………36
2.10　フーリエ変換と電子密度 ………37
2.11　原子の熱振動 ……………………39
演習問題 ………………………………41

第3章　結晶の対称

3.1　結晶格子と格子点 ………………44
3.2　対称の要素 ………………………45
3.3　結晶の点群 ………………………48
3.4　7つの晶系 ………………………51
3.5　空間格子 …………………………53
3.6　点空間群 …………………………56
3.7　らせん軸と映進面 ………………57
3.8　230の空間群 ……………………61
3.9　空間群の実例 ……………………63
3.10　空間群の判定 ……………………69
　　3.10.1　ラウエ対称の判定 ………69
　　3.10.2　空間格子の判定 …………71
　　3.10.3　らせん軸と映進面の判定 …73
　　3.10.4　空間群の判定—単斜晶系
　　　　　　の例 ……………………75
演習問題 ………………………………77

第4章 構造解析—位相決定の方法

- 4.1 直接法 …………………………79
  - 4.1.1 セイヤーの等式 …………79
  - 4.1.2 ウィルソンの統計 ………81
  - 4.1.3 規格化構造因子 …………83
  - 4.1.4 対称心の有無の判定 ……84
  - 4.1.5 原点の指定 ………………84
  - 4.1.6 位相関係式 ………………86
  - 4.1.7 正解判定の基準 …………88
- 4.2 パターソン法 …………………91
  - 4.2.1 重原子法 …………………92
  - 4.2.2 ベクトルサーチ法 ………95
- 4.3 同形置換法 ……………………97
- 演習問題 ……………………………101

第5章 強度データの補正と構造モデルの修正

- 5.1 異方性熱振動 …………………103
- 5.2 多重度と占有率 ………………104
- 5.3 消衰効果 ………………………106
- 5.4 二重散乱(レニンガー効果) ……108
- 5.5 熱散漫散乱 ……………………109
- 5.6 長周期構造 ……………………110
- 5.7 積分強度 ………………………111
- 5.8 異常散乱と絶対構造 …………112

第6章 構造の精密化

- 6.1 最小二乗法 ……………………120
- 6.2 信頼度因子 ……………………124
- 6.3 構造因子の重み ………………124
- 6.4 絶対構造の決定 ………………125
- 6.5 偽対称と乱れた構造 …………126
- 6.6 最小二乗計算を行う上での注意 ………………………127
  - 6.6.1 収束の条件 ………………127
  - 6.6.2 D-フーリエ図 ……………127
  - 6.6.3 水素原子の取り扱い ……128
  - 6.6.4 対称性を考慮した熱振動 …129
- 演習問題 ……………………………130

第7章 結果の整理

- 7.1 結晶データ ……………………131
- 7.2 結晶構造図と分子構造図 ……133
- 7.3 結合距離,結合角,ねじれ角 …135
- 7.4 最適平面 ………………………137
- 7.5 剛体振動モデル ………………138
- 7.6 CIFとデータベース …………139

さらに勉強したい人たちのために ……………………………………141
演習問題の解答 ……………………………………………………144
索　　引 ……………………………………………………………149

囲み記事： X線を発見したレントゲン〔3〕／X線の本質を明らかにしたラウエ〔5〕／結晶構造を解析したブラッグ父子〔7〕／結晶解析に空間群を導入した西川正治〔62〕／直接法を発展させたカール夫妻〔89〕／パターソン関数の誕生〔96〕／同形置換法のペルツとウィルソン統計〔100〕／絶対構造を決めたバイフット〔118〕

第1章　構造を知る

　物質の物理的な性質や化学的な反応性を解明するには，その物質の原子・分子レベルでの構造を知ることが不可欠であることは，20世紀の科学が明らかにしてきたことである．20世紀の初頭に科学の世界では大きな発見が続いたが，その中でも後の発展に大きな影響を与えたのは，量子力学の誕生とX線の発見である．われわれが見ている物質は10^{23}個程度という膨大な数の原子・分子から構成されている．そのため目に見える物質の世界を巨視的世界といい，原子・分子などの量子の世界は微視的世界といわれている．量子力学は，微視的な世界は巨視的な世界を支配するニュートン力学とは異なる力学に支配される世界であることを明らかにしたのである．このことは，原子・分子の持つエネルギーは連続的でなく，不連続なスペクトルとして観測されることからも明らかになった．この不連続なスペクトルから簡単な分子の構造が推定されることが示されて，分光学による構造決定法が提案された．最初は簡単な分子回転運動や振動運動のスペクトルの解析から構造決定されていたが，その後各種の置換基に特有の赤外振動スペクトルや核磁気共鳴スペクトルから大きな分子の構造決定も可能になり，分光法による構造決定法は20世紀後半から広く利用されるようになった．

　一方，分子を構成する原子の三次元の構造を直接観察する回折法は1912年のラウエ(M. von Laue)のX線の回折実験によって始まったのであるが，1.1節で述べるさまざまな制約があって，この30年間にようやく発展した方法である．しかし現在では，超電導を示す物質の各原子に分布する電子密度の解析からインフルエンザウイルスを構成する原子の三次元的配列の解析にいたるまで，あらゆる科学の分野で利用されている．21世紀は，原子・分子の構造を基盤にして，それぞれの原子に働く弱い相互作用を解明する新たな科学が必要

となっている．

1.1　X線の発見と結晶構造解析への適用

　X線は1895年レントゲン(W. Röntgen)によって発見された(3頁のコラム参照)．彼は，真空中で電極板に高い電圧をかけると陰極から電子が飛び出して陽極板に衝突するが，その際に陽極板から何か目に見えないものが発生していることを突き止めた．発生しているものは直進する性質を持ち，木製の板を突き抜けて写真フィルムを感光させる性質を示すことから，電磁波の一種であると予想した．しかし波の性質を持つなら，細かい溝を持つ**回折格子**(diffraction grating)を当てると**干渉縞**(interference fringes)を示すはずであるが，回折格子の影がフィルム上に写るだけで干渉縞が観測されなかった．そこで性質未知の電磁波という意味で**X線**(X-ray)と名づけた．最初に注目されたX線の性質は，物質を透過する能力である．手術をしないで身体の内部が見えるということで，医学にとくに大きな影響を与えたのである．レントゲン撮影は現在でもおなじみである．

　X線の登場以来，医学では華々しい成果を挙げてきたが，その本質は相変わらず未知であった．X線の本質を解明したのは，レントゲンの発見から17年後の1912年，ラウエの回折実験である(5頁のコラム参照)．X線は非常に波長の短い電磁波ではないかと予想されていた．彼は，回折格子で干渉縞を示さないのは，回折格子の溝の間隔がX線の波長に比べて長すぎるためであろうと推定した．そうすると，X線の波長程度の間隔で溝のある回折格子を作れるかということになるが，人工的には不可能であった．しかし彼は**結晶**(crystal)を使うことに気づいたのである．結晶が非常に間隔の短い**周期構造**(periodic structure)を持つということは，18世紀から知られた結晶学の推測であった．彼は，結晶の周期構造の間隔がX線の波長程度であるなら，結晶中に周期的に並んだ分子が細い溝の代わりとなって，干渉縞すなわち**回折現象**(diffraction)を示すはずであると推論した．そこで，硫酸銅の五水和物結晶にX線を当てたところ，予想通り**回折斑点**(diffraction spot)が観測された．こ

の結果，結晶は周期構造を持つ固体であり，X線の**波長**(wave length)はその**周期単位**(periodic unit)と同程度の波長を持つ**電磁波**(electromagnetic wave)であることが一度に実証された．

ラウエの発見を知り，回折現象をいち早く結晶構造解析に応用したのは，1913年のブラッグ父子(H. Bragg & L. Bragg)である(7頁のコラム参照)．彼らはNaClなどのハロゲン化アルカリ(alkali halide)の結晶からのX線回折像を測定して，いわゆる**NaCl型構造**を明らかにすると同時に，結晶ではNaClという分子は存在しないことを証明した．人類が原子の実在，その大きさと原子の配列，を初めて見た実験である．これ以後，徐々に複雑な構造が解析できるようになり，今ではX線解析は科学の最も基本的な分析手段となっている．

X線を発見したレントゲン

レントゲンは1845年ドイツで生まれた．高校を退学となりドイツの大学に進学する道は断たれたが，スイスで連邦工科大学(ETH)が創立されて経歴に関係なく優秀な学生を募集したことでETHに入学することができた．卒業後，彼の指導教授がドイツの大学に招かれて帰国することになったので，彼も一緒に帰国して講師としてドイツの大学に職を得ることができた．しかしこの経歴のためか，50歳を過ぎるまで小さな大学を転々としていた．

1895年，50歳のレントゲンがビュルツブルグ大学の物理学教授のときに転機が訪れた．そのころ彼は図のような放電管で陰極線の研究をしていた．この放電管はその10数年前にクルックス(Sir W. Crookes)によって作られたもので，0.04〜0.1 Pa程度に管内を減圧し，その陽極と陰極に高電圧をかけると，陰極から何かが流れ出してガラス壁に衝突し，ガラス壁から緑色の蛍光を発生するのである．この陰極から流れるものは陰極線と名づけられたが，この正体は何かということが当時の物理学者の興味の的であった．

この実験の最中にレントゲンは奇妙な現象に気づいた．実験台からかなり離れたところにあったシアノ白金酸バリウムを塗った板が蛍光を発生していたのである．陰極線はガラス壁で吸収されてしまうので，陰極線とは別のものであることは明らかであった．(この蛍光板の存在こそがX線発見の鍵であるが，なぜこの

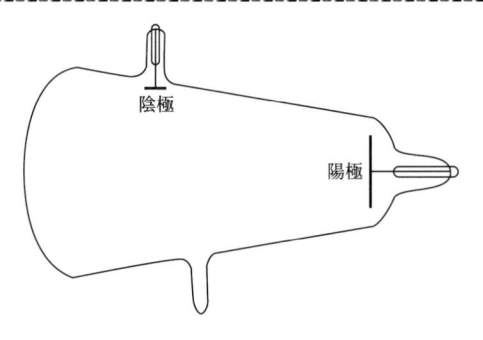

図　クルックスの放電管
放電管内を減圧して，陽極（anode）と陰極（cathode）の間に高電圧をかけると，陰極から陰極線が流れ出す．この陰極線がガラス壁に当たると蛍光を発する．後にトムソンによって陰極線は電子の流れであることが証明された．

蛍光板が彼の実験室にあったかは本人が一言も話していないので分からない．）この現象を究明するために，半年間研究室に1人でこもって実験を続けた結果，陰極線が衝突する場所から発生する何かが直進して蛍光板を発光させていること，通路に木を置いても突き抜けるが金属板を置くとその影が見えること，写真乾板も感光させること，そして人間の手を置くと骨が見えること，などを見つけ，この何かをX線と名づけた．1895年12月，X線の発見を報告した最初の論文が発表された．10年以上にわたって放電管を見ていた数多くの研究者たちも当然X線は「見ていた」のである．もしかしたら，蛍光板が光ることや，写真乾板が感光していることも「見ていた」かもしれない．しかし誰もX線に「気づかなかった」のである．

　その後1896年に本格的な論文として第2報，1897年に補充実験を記した論文第3報を報告した．その後の10年間でX線に関する論文は世界で1000報以上発表されたといわれているが，レントゲンのX線についての論文は生涯この3報だけである．しかしX線の発見がもたらした結果は当時の人たちに衝撃を与えた．とくにX線の透過写真は医学の分野に大きな変革をもたらした．彼の偉大な発見を称えて「X線」を「レントゲン線」と呼ぼうという提案があり，実

際に医学の分野では「レントゲン線」と呼ばれているが，レントゲン自身はX線の正体が明らかにされた後も「X線」と呼ばれることを希望したので，「X線」と呼ぶことが定着して現在も使われている．なお，陰極線の正体はトムソン(J. J. Thomson)によって，X線発見の直後の1897年に，電子の流れであることが明らかにされた．

レントゲンは1900年，名門のミュンヘン大学に物理学の主任教授として招かれた．1901年にはX線の発見で第1回のノーベル物理学賞を受けた．無口で気難しい性格ではあったが，ミュンヘン大学の自由な雰囲気に大きな役割を果たしたことは次のラウエの記事で明らかになる．1923年に78歳で亡くなった．

X線の本質を明らかにしたラウエ

ラウエは1879年にドイツのコブレンツで生まれた．幼少のころから物理現象に興味があったようである．ベルリン大学でプランク(M. K. E. L. Planck)教授のもとで，光の干渉実験で学位を得て，1907年にはミュンヘン大学のゾンマーフェルド(A. J. Sommerfeld)教授(1906年に理論物理の主任教授としてミュンヘン大学に呼ばれた)のところで講師となった．隣の研究室がレントゲン教授の研究室であった．

1910年の終りごろ，ラウエは研究室の大学院生のエワルド(P. Ewald)に学位論文の仕事のことで相談を受けた．エワルドは固体内の光の伝播に関する理論を研究していたが，彼の理論によれば，結晶内に周期的に並んだ振動子が光と相互作用することで屈折率が説明されると考えていた．ところが，その結果を硫酸カルシウム(石膏)の屈折率と比べてみるとまったく実験事実と合わないことが問題であった．ラウエは，その振動子がなぜ周期的に並んでいると仮定できるのか，またその間隔はどのように推定できたのかを聞いたようである．

ラウエは，結晶内の物体と物体の間隔はもっと短いもので，その間隔と同程度の波長の電磁波なら回折現象を示すであろうと直観的にひらめいたようである．そして，X線はそのような短波長の電磁波ではないかと推論した．その推論をレントゲンやゾンマーフェルドの研究室の若手の人たちとカフェで議論したところ，実験で試してみたらいいという結論になった．早速，ゾンマーフェルドの研

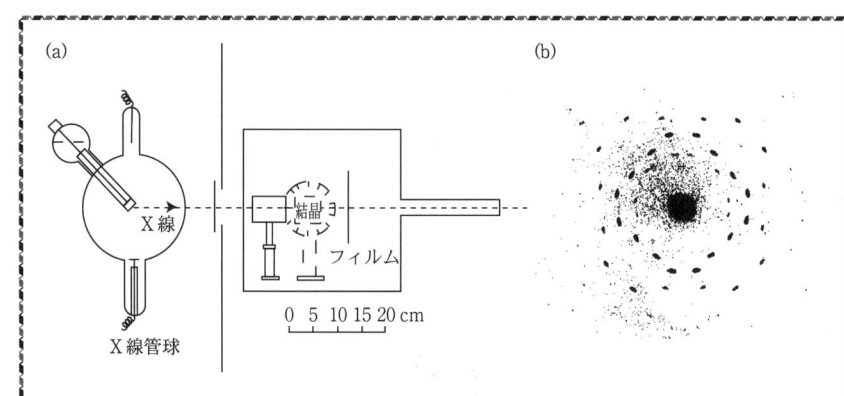

図　ラウエらの回折実験の図
X線管球から放出されたX線は最初に筒状のコリメータを通って結晶に到達して散乱し，フィルムに図(b)のような斑点が記録される．

究室の助手のフリードリッヒ（W. Friedrich）が自分の実験のために組み立てたX線の装置を提供し，ちょうど学位論文を仕上げたばかりのレントゲンの研究室の大学院生のクニッピング（P. Knipping）がその装置で実験をやってみようと言った．そのときの実験装置が図(a)である．鉛の箱の中に3mmのピンホールと結晶とフィルムを並べて，その箱の中にX線を入れて結晶に照射した．結晶としては，実験室にころがっている青色の硫酸銅の五水和物結晶を使った．結果はラウエの予想したとおりで，図(b)に示すように，フィルム上には中心に見える結晶の影だけでなく，その周りにいくつかの回折斑点が映っていた．X線は電磁波であり，結晶はX線の波長と同程度の周期構造を持っていることを一度に証明する実験となった．1912年，この結果がフリードリッヒ，クニッピング，ラウエの連名論文として発表された．X線の発見から17年が経っていた．

　もしラウエがエワルドやフリードリッヒやクニッピングというミュンヘン大学の有能な若手研究者に囲まれていなかったら，このような大発見は生まれなかったであろうし，このような共同研究を産み出す自由な雰囲気がミュンヘン大学にあったことが，この発見に非常に大きな影響を与えたのである．エワルドはその後，回折理論に逆格子の概念を導入した．それは第2章で述べるように，エワルドの回折球の名で知られている．

1.1 X線の発見と結晶構造解析への適用

なぜ硫酸銅の五水和物結晶を使ったのかというと、結晶というと誰でも思いつく青い結晶だったので、物理学の研究室でも簡単に手に入ったからであろう。しかしこの結晶構造は複雑であるため、当時としては解析不可能であった。実際に構造解析されたのは、それから22年後の1934年のことである。

ラウエには結晶によるX線の回折現象の発見で1914年にノーベル物理学賞が与えられた。彼の業績はそれだけでなく、第二次大戦後はマックス・プランク研究所を立て直し、荒廃したドイツの科学の再建に大きな貢献をしたことでもよく知られている。彼は1960年、その発展を見届けて81歳で亡くなった。

結晶構造を解析したブラッグ父子

父のヘンリー(William Henry Bragg)は1862年イギリス北部で生まれた。ケンブリッジ大学を卒業した後、大学に残って研究を続けることを望んだが、わずかに成績が及ばなかったので、オーストラリアのアデレード大学に24歳という若さで教授として赴任した。当時のアデレード大学は、その10数年前にアデレード近郊で金鉱が発見されて学生も教授も全員金採りに出かけてしまっていたので、廃校同然になっていた。彼は、荒廃した大学を立て直して町の名士として活躍していたが、40歳になったときに突然、本格的な物理学の研究をしたいと考えるようになった。そして最初の物理学の論文を、その当時イギリスで物理学のリーダーとなっていた、オーストラリア出身で10歳年下のラザフォード(E. Rutherford)に送った。ラザフォードはブラッグの才能を高く評価した。その後、彼の紹介でイギリスのリーズ大学の物理学教授として本国に戻ることになった。1910年のことである。ヘンリーは実験が得意で、リーズ大学では早速X線発生装置を製作して実験を行ったようである。

息子のローレンス(William Lawrence Bragg)は1890年アデレードで生まれた。アデレード大学で学んだ後、父とともにイギリスに渡り、ケンブリッジ大学で数学と結晶学を学んで卒業した。休暇で帰省したときに父からラウエらの論文を見せられた。1912年、ローレンス22歳のときである。

ローレンスはこの論文を読んで、結晶構造が決定できるという大発見に気づくのである。結晶学では17世紀にステノ(F. Steno)が結晶の**面角一定の法則**を見

つけており，18世紀末にはアウイ(R. Haüy)が，この法則を説明するには結晶は小さな物体の周期的な集りでなければならないと推論し，結晶の面指数は有理数で表されるという**有理指数の法則**(law of rational indices)を発見した．そして19世紀になると，1種類の玉で最密充填構造を作ると面心立方構造か六方最密構造となり，2種類の玉で最密充填構造を作ると面心立方格子が半周期ずれたものと入れ子になった構造，すなわちNaCl型の構造になると予想していた．この当時の雑誌にNaCl型の構造図が掲載されているが，まさかこの玉が原子であるとは誰も想像できなかった．この結晶学の知識を持っていたローレンスは，NaClの結晶の回折斑点を取れば，斑点の位置からこの構造が証明されるに違いないと直観した．父のヘンリーは，早速ローレンスのために実験装置を組み立てた．単結晶の代わりに粉末状とし，回折点の測定はフィルムではなく，電離箱を回転させて，回折角とその強度を測定した．現在の粉末回折装置と原理的に同じものである．ローレンスがNaClの結晶の回折を測定したところ，予想通りの回折斑点が観測され，その回折角からNaとClの距離が計算された．人類が初めて結晶の中に並ぶ原子を見たのである．

ラウエの目標はX線の正体を明らかにしたいということであったために結晶なら何でもよかったのであるが，結晶学を勉強したローレンスにとっては，結晶がどんな構造であるかが知りたかったのである．X線が発見されてからその正体が分かるまでに17年の歳月がかかったが，それはレントゲンとラウエが間接的にしろ共同研究するための時間が必要だったからである．しかしX線の正体が明らかにされてから結晶の構造が明らかになるのには，わずか1年しか経過していない．これは実験物理学者ヘンリーと結晶学者ローレンスが親子であったという幸運のためであった．この功績でブラッグ父子には1915年ノーベル物理学賞が授与された．ヘンリーは1942年69歳で亡くなった．

ノーベル賞を受賞したとき，ローレンスはまだ25歳であった．その後マンチェスター大学の教授になり，結晶解析の研究を続けたが，主要な結晶の構造研究ではアメリカのポーリング(L. C. Pauling)に先を越されることが多かった．数々の結晶構造の解析により，ポーリングの名著『The Nature of Chemical Bond Based on Molecular and Crystal Structures』はあまりにも有名である（日本ではこの書名の前半部分だけが訳されて『化学結合論』となっているため，理論に

基づく本であると誤解されている). ポリアミノ酸の α-らせん構造や β-シート構造などの解明もポーリングの仕事である. この功績でポーリングは1954年ノーベル化学賞を授与されている.

その後ローレンスは50歳でケンブリッジ大学に戻り, キャベンディッシュ研究所の所長となった. この研究所の研究員にペルツ(M. Perutz)が居た. 彼はすでに20年近くヘモグロビンの結晶構造解析に取り組んでいたが, 成果は挙がらなかった. 他の研究員からは成果の出ないペルツを追い出すように忠告されたが, ローレンスは聞き入れなかった. このペルツの研究室では, ケンドリュー(J. C. Kendrew)がミオグロビンの解析を進めていた. また, 理論家で他人の仕事には鋭い批判を展開するクリック(F. H. C. Crick)が研究員として在籍していた. さらにアメリカからワトソン(J. D. Watson)がポスドクとして来た. ワトソンとクリックが共同研究して, 1953年有名なDNAのワトソン-クリックモデルを提案したのである. この業績で2人には1962年ノーベル生理学医学賞が授与された. さらにケンドリューがミオグロビンの解析に成功し, 初めてタンパク質の構造解析に成功した. そしてペルツが30年の苦闘の末に, ついにヘモグロビンの構造解析に成功した. 1962年ケンドリューとペルツにノーベル化学賞が授与された.

DNAとタンパク質という生体中の基本的な分子の構造解析が, ローレンスの研究所から発表されたのである. NaClの結晶構造解析が20世紀の原子・分子の世界を切り拓いたとするなら, DNAとヘモグロビンは20世紀後半の分子生物学からゲノム科学の世界を切り拓いたものとして高く評価されるものである. たった1人の研究者がその推進者となっていたことには驚かざるをえない. この成果を見届けてローレンスは1972年に82歳で亡くなった.

1.2 X線の性質

前節で述べたように, X線は陰極と陽極の間に高電圧をかけ, 陰極から飛び出した電子が激しい勢いで陽極に衝突したときにその運動エネルギーの一部が電磁波となって放出されたものである. したがって, 発生するX線の最短波長 λ_c は次式のように, 両極間の電圧(V, ボルト(V))に反比例する.

$$\lambda_c(\text{Å}) = 1.24 \times \frac{10^4}{V} \tag{1.1}$$

この最短波長より長い波長のX線が，図1.1のように波長分布を示す．このX線を**連続X線**(continuous X-rays)あるいは**白色X線**(white X-rays)という．

図1.1には，この連続X線の他に，鋭いピークを持つ波長分布の狭くて強いX線がある．このX線は，大きな運動エネルギーを持つ電子が陽極板の原子の内殻の電子をたたき出した後，外殻のエネルギーの高い軌道から内殻の空軌道に落ちてくるときにそのエネルギー差分をX線として放出したものである．これは陽極の原子によって決まるエネルギー差であり，陽極の原子特有のX線波長であるので，**特性X線**(characteristic X-rays)という．あるいは**単色X線**(monochromatic X-ray)ともいう．通常使われるのは，図1.2のように，L殻から最低のK殻に落ちるときに生じるK_α線か，M殻からK殻に落ちるときに生じるK_β線である．物質にX線を照射した場合にも，物質中の原

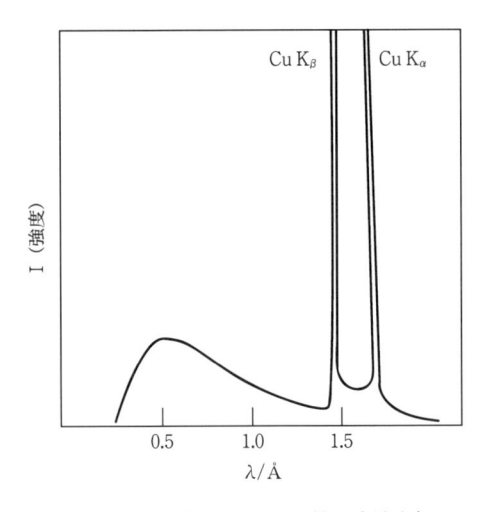

図1.1　銅の陽極板からでるX線の波長分布
　　　　なだらかな波長分布を示す連続X線と
　　　　鋭い波長分布を示す特性X線がある．

1.2 X線の性質

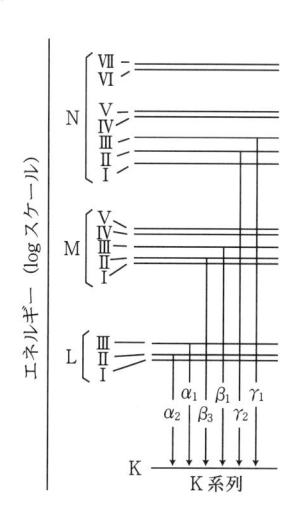

図1.2 特性X線が発生するエネルギー遷移 エネルギーの高いL, M, N殻の状態からエネルギーの低いK殻の状態に遷移するとき，そのエネルギー差に当たるX線が発生する．

子の内殻の電子をたたき出し，その結果としてその原子特有の特性X線を観測できる．この特性X線のエネルギーを測定して，微量の元素分析に利用することができる．この方法を**蛍光X線分析**(fluorescent X-ray analysis)といって，微量元素分析によく使われている．

X線は直進するが，物質によってわずかに屈折する．その屈折率をηとすると，

$$\eta = 1 - \delta \tag{1.2}$$

となる．どのような物質でもδの値は

$$\delta = 10^{-5} \sim 10^{-6} \tag{1.3}$$

である．X線はこのようにわずかな屈折しかしないので，可視光のようにレンズを使って集光させるということができない．つまりX線顕微鏡は作れない．

X線も物質に吸収される．この吸収の程度は物質中を進む距離の指数関数で増加する．初期のX線の強度をI_0，物質中の距離をxだけ進んだときの強度をIとすると，

$$I = I_0 \exp(-\mu x) \tag{1.4}$$

と表せる．ここでμをこの物質の吸収係数という．各元素について吸収係数

は異なるので，各元素の質量吸収係数 μ_M を次式のように定義する．

$$\mu_\mathrm{M} = \frac{\mu}{\rho} \tag{1.5}$$

ここで，ρ はこの元素単体の密度である．そうすると，n 種の原子を含む結晶の吸収係数は次式で表される．

$$\mu = \rho_c \sum_{i=1}^{n} w_i \, \mu_{\mathrm{M}i} \tag{1.6}$$

ここで，添字 i は i 番目の種類を表す指標とする．また，ρ_c は結晶の密度であり，w_i は各原子の存在比である．

X線の化学作用は，X線が物質中の原子の内殻電子をたたき出すことから生じている．原子の陽イオン化や，電子が励起することで結合の解離や再結合などが生じ，これらが化学変化を引き起こす原因となっている．生体中の分子がX線で同様に変化すると，突然変異を起こすことや細胞崩壊を起こすことがあり，非常に危険である．そのためX線の被曝には注意しなければならない．

1.3 回折法の特徴

原子の三次元の配列を知るための第一の条件は，2つの原子を区別できる程度の波長の光を使うことである．原子間の距離は約 $1\,\text{Å}\,(10^{-10}\,\text{m} = 100\,\text{pm})$ 程度であるから，$1\,\text{Å}$ 程度の光が必要である．この程度の波長の光（電磁波）がX線である．可視光の波長は $5 \times 10^{-7}\,\text{m}$ 程度でずっと長いので，光学顕微鏡では原子は見えない．

X線のような電磁波でなくても，電子や中性子のような粒子は波の性質を持っているので，X線と同じように回折現象を使って原子の配列を見ることができる．電子の波長 $\lambda(\text{Å})$ は，電子を加速する電圧 V（ボルト）で次式のように求められる．

$$\lambda = \frac{12.3}{\sqrt{V}}\,(\text{Å}) \tag{1.7}$$

この式から，$100\,\text{V}$ の加速電圧で $1.23\,\text{Å}$ の波長の電子線が得られる．

1.3 回折法の特徴

原子炉内を飛び回る中性子の波長は次式のように温度 T (K) で決められている.

$$\lambda = \frac{h}{\sqrt{3\,mkT}} \tag{1.8}$$

ここで, h, m, k はそれぞれプランク定数, 電子の質量, ボルツマン定数である. この式から, 0 ℃ で 1.55 Å の波長の中性子線が得られる.

第二の条件は, 原子や分子の構造を拡大して見るのであるから, レンズの働きをするものが必要であるということである. レンズの重要な性質は光を屈折して集光することである. 電子線は磁石で曲げられるので, 強力な電磁石を使うことで, 拡大して見る顕微鏡を作ることができる. これが**電子顕微鏡**(electron microscope)である. 最近では原子配列まで見えるような電子顕微鏡が作られている. しかし電子線は電子との相互作用が強いため, 物質の表面で散乱されてしまい内部まで透過する力が弱い. また波長を短くして透過力を上げると, 物質は損傷を受けやすくなるという問題もある. 一方, その特徴を生かして, 表面の構造解析には威力を発揮している.

X線と中性子線はどのような物質でも透過する能力を持つので, 物質全体の構造を見ることができるが, 屈折を受けることが少ないので, 適当なレンズを使って拡大像を作ることができない. そこで, 物質で散乱された X 線や中性子をフィルムなどに記録して, 計算によって拡大像を作るという面倒な方法が必要になってくる.

第三の条件は, 分子の原子配列を見るには, 分子を固定しなければならないということである. 気体中や液体中の分子は, 激しく動き回っているために見ることはできない. しかし冷却すると, たいていの物質は分子の熱運動が制限されて, 三次元の周期構造を持つ結晶が得られる. 結晶中でも原子や分子は熱運動しているが, その動きは小さいので平均位置での原子配列を見ることはできる.

第四の条件は, X線の散乱を観測するといっても, 1個の原子からの散乱光では弱すぎて観測することができないということである. ところが, 周期構造

を持つ結晶を見ているので，周期単位それぞれからの散乱光を足し合わせた干渉光を観測するという好条件がある．観測する結晶内に周期単位が 10^{18} 程度あると仮定すると，10^{18} 倍された強度の散乱光が観測できるのである．

このように見てくると，分子の原子配列を知るには，結晶にして X 線を使って見るのが最も容易で，しかもほぼ唯一の方法なのである．そのため，原子配列を知るための構造解析法というと，X 線を使った**結晶構造解析法**(crystal structure analysis)のことをいうのである．

演 習 問 題

[1] ブラッグは図のような NaCl の構造を推定し，X 線回折実験でこのことを証明した．この構造が正しいことは第 2 章からの理論で説明されるが，この構造からどのようにして Na 原子と Cl 原子の距離を求められたか考えてみよう．有名なブラッグの式は，$2d \sin \theta = n\lambda$（$n$ は整数）であるが，実験で測定できるのは回折角 θ である．したがって，X 線の波長 λ を知らないと結晶の周期単位の d は決まらないはずであるが，X 線といわれているのだから，当然

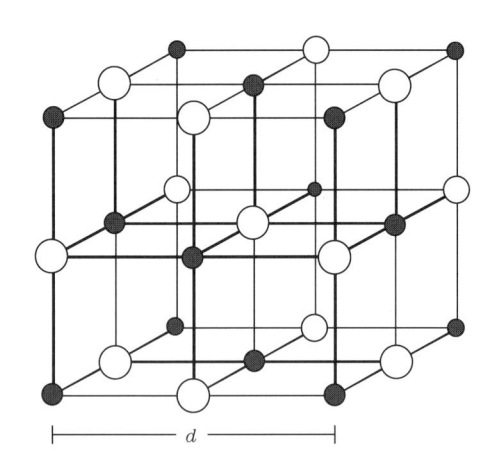

● Na$^+$　○ Cl$^-$

図　ブラッグ父子によって解析された NaCl の構造図

のことながら波長は未知である．当時アボガドロ定数の $6.02 \times 10^{23}\,\mathrm{mol^{-1}}$ は既知であったことを利用して周期単位 d を求め，Na 原子と Cl 原子の距離を求めよ．なお NaCl の密度は $2.17\,\mathrm{g\,cm^{-3}}$ であり，NaCl のモル質量は $58.5\,\mathrm{g\,mol^{-1}}$ である．

[2] ブラッグは，NaCl のようなハロゲン化アルカリの結晶構造では，アルカリ金属原子は陽イオンとして存在し，ハロゲン原子は陰イオンとして存在していることを証明した．当時の実験法では電子1個の違いを明らかにするほどの精度はなかったのであるが，NaCl，KCl，NaBr，KBr の一連のハロゲン化アルカリ結晶の回折パターンが同じであることから同形結晶であることを証明し，さらに KCl も同様な構造であるが，周期単位が NaCl などに比べるとほぼ半分になるという実験事実を得たからである．各原子はその原子が持つ電子数に比例した X 線の散乱能を持つことから考えて，ブラッグの証明法を述べよ．

第2章　X線による散乱

　X線は電磁波であるので，その振幅を E_0，波長を λ，振動数を ν とすると，図2.1のように表すことができる．この波の時刻 t における振幅 E を式で表すと，次式のように指数関数で表すのが便利である．

$$\begin{aligned} E &= E_0 \exp(2\pi i \nu t) \qquad (i = \sqrt{-1}) \\ &= E_0 \cos(2\pi \nu t) + iE_0 \sin(2\pi \nu t) \end{aligned} \qquad (2.1)$$

この式は複素平面上で，半径が E_0 の円に原点を始点とするベクトルを描き，このベクトルが円周上を1回転したときのベクトルの動きを表している．その実軸への投影を表したものが cos 成分であり，虚軸への投影を表したものが

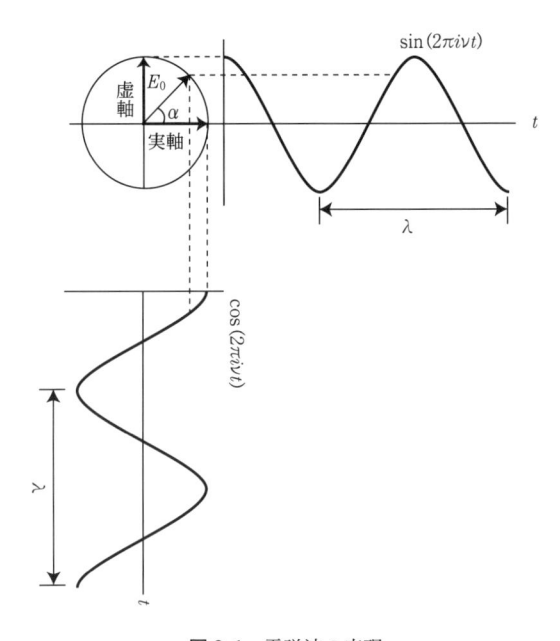

図 2.1　電磁波の表現

sin 成分である．したがって，(2.1)式は図2.1で表すことと同じことなのである．ベクトルと実軸の成す角 α を**位相**(phase)という．この指数関数を使ってX線の散乱を説明してみよう．

2.1　1個の電子による散乱

図2.2の原点Oに1個の電子があり，Oを中心にして半径 R の円を描く．この電子に紙面内のPO方向からX線が入射して電子に衝突し，X線はOQ方向に散乱したとしよう．ここでPO方向とOQ方向の成す角を散乱角 2θ とする．

X線は円偏光しているので，電子によって散乱されたX線の偏光を考慮しなければならない．入射X線を図2.3のように，POQを含む面内で振動する波(白抜きの波)とその面に垂直な方向に振動する波(斜線の波)に分けて考える．そうすると，電子の位置から R の距離では，POQを含む面内の散乱波の振幅を $E_{\parallel}$ とすると，次式のように表せる．

$$E_{\parallel} = -E_0 \frac{e^2}{mc^2} \frac{\cos 2\theta}{R} \exp(2\pi i\nu t) \tag{2.2}$$

またPOQ面に垂直な方向の散乱波の振幅 $E_{\perp}$ は

$$E_{\perp} = -E_0 \frac{e^2}{mc^2} \frac{1}{R} \exp(2\pi i\nu t) \tag{2.3}$$

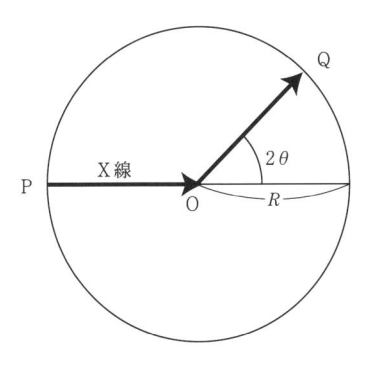

図2.2　1個の電子によるX線の散乱と散乱角 2θ の定義

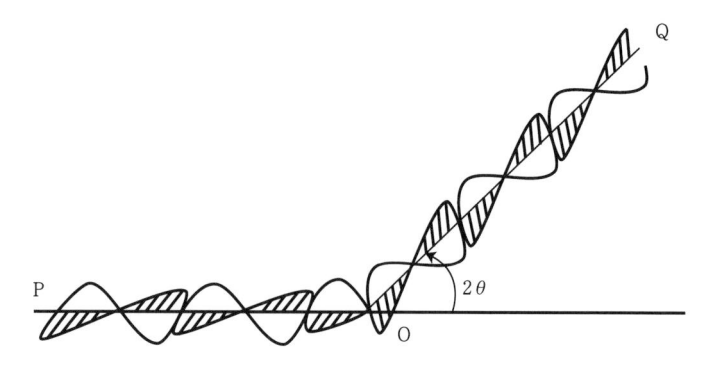

図2.3 X線の偏光による散乱波の偏光因子

となる．ここで，e, m, c はそれぞれ電子の電荷，電子の質量，光速を表している．その結果，散乱波の強度Iは

$$I = \frac{|E_{//}|^2 + |E_\perp|^2}{2} \tag{2.4}$$

となる．2乗するとexp項は1となるので，

$$I = E_0^2 \left(\frac{e^2}{mc^2}\right)^2 \frac{1}{R^2} \frac{1+\cos^2 2\theta}{2} \tag{2.5}$$

となる．この式から，X線の強度は距離の2乗に反比例する．また散乱角 2θ に依存する．最後の項の $\{(1+\cos^2 2\theta)/2\}$ を**偏向因子**(polarization factor)という．

2.2 X線の干渉

振動数 ν のX線が電子で散乱されると種々の振動数のX線が散乱される．同じ振動数の散乱を**トムソン散乱**(Thomson scattering)といい，振動数の異なる散乱を**コンプトン散乱**(Compton scattering)という．しかし散乱波が互いに干渉するのは同じ振動数 ν を持つ散乱波だけである．このことを図2.4で説明しよう．(a)は波1と波2が同じ位相と同じ振動数 ν (同じ波長 λ)とする．それぞれの時刻 t で波1と波2を足し合わせた合成波が2つの波の干渉を

2.2 X線の干渉

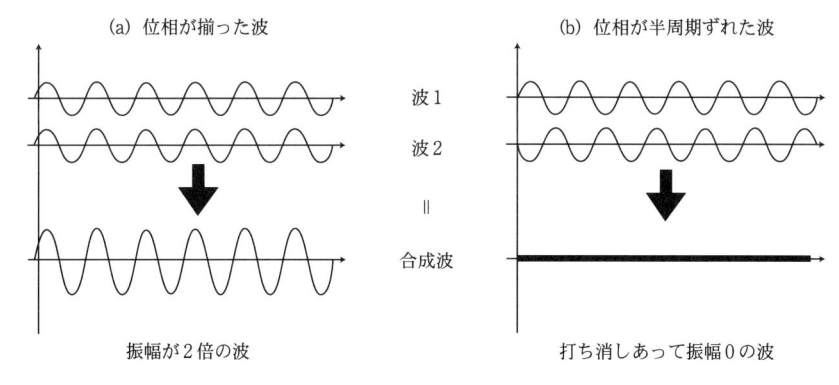

図2.4 波の干渉
(a)位相が揃った波，(b)位相が半周期ずれた波．

表している．位相が同じであると，山と山，谷と谷が一致するので合成波の振幅は2倍となる．(b)のように，2つの波の山と谷が一致すると，すなわち位相が半周期 π だけずれると，合成波の振幅は打ち消しあって常に0となり，この波は干渉して見えなくなるのである．図2.5のように波長が異なると合成波はゼロとなり，干渉しない．この合成波の考え方を複素平面で描くと図2.6になる．波1のベクトルと位相のずれた波2のベクトルを合成したベクトルが複素平面内を回転することとなり，振幅と位相は図のようにベクトル合成で得られたものである．波1と波2の振幅は同じと仮定していたが，振幅が異なっても波長が一致していれば，図2.4と同様な干渉が起きて，同様な合成波が生じる．

図2.7のように，2つの電子がベクトル r_{21}

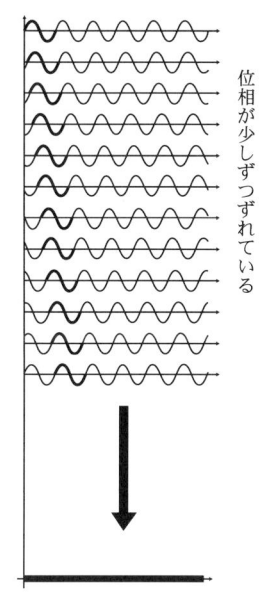

図2.5 波長の異なる波の合成

20　　第2章　X線による散乱

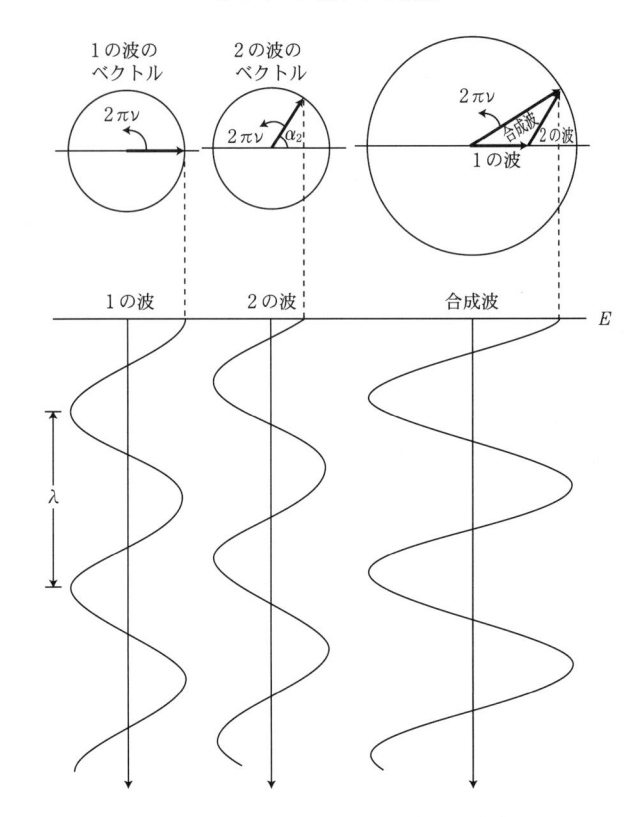

図2.6　2つの波のベクトルを使った合成

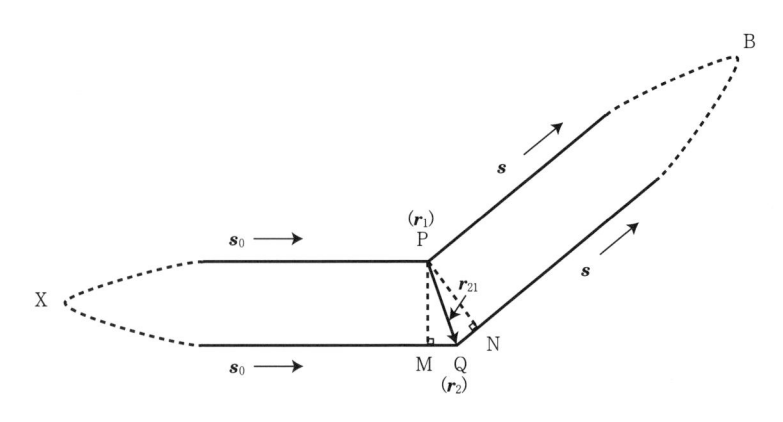

図2.7　2つの電子からの散乱波の干渉

だけ離れている場合の散乱波の干渉を考えてみよう．この図では r_{21} は大きく見えるが，この波の振幅から見ると充分小さいので，2つの電子は同じ位置にあると考えてよい．図2.7では波は紙面内の偏光成分のみを描いてあるが，後で偏向因子を掛けると考えておけば紙面内だけの偏光成分のみでよい．

X線は s_0 方向（$|s_0|=1$）から入射し，s 方向（$|s|=1$）に散乱したとする．P点にある電子1で散乱されたX線を E_1 とし，Q点にある電子2で散乱されたX線を E_2 とすると，

$$E_1 = -E_0 \exp(2\pi i \nu t) \tag{2.6}$$

$$E_2 = -E_0 \exp(2\pi i \nu t - i\alpha) \tag{2.7}$$

と表せる．(2.7)式の exp 内の第2項は，電子2で散乱される波の方が電子1で散乱される波より距離が長いために位相が遅れることを考慮したものである．電子2で散乱される波が余分に進む距離は，電子1から電子2の波の行路に降ろした垂線の足をMとNとすると，MQ + QNだけ長くなっている．これが行路差である．ベクトルで表すと，

$$MQ + QN = (r_{21} \cdot s_0) + (-r_{21} \cdot s) = \{r_{21} \cdot (s_0 - s)\} \tag{2.8}$$

行路差が波長と等しくなると位相差は 2π ずれることになるので，電子2の散乱波に生じる位相差は，次式のように表せる．

$$位相差 = 行路差 \times \frac{2\pi}{\lambda} = \frac{2\pi}{\lambda}\{r_{21} \cdot (s_0 - s)\} \tag{2.9}$$

この値を(2.7)式の α に代入すると，

$$E_2 = -E_0 \exp\left[2\pi i\nu t - i\frac{2\pi}{\lambda}\{r_{21} \cdot (s_0 - s)\}\right]$$

$$= -E_0 \exp\left[2\pi i\nu t + 2\pi i\left\{r_{21} \cdot \frac{s - s_0}{\lambda}\right\}\right] \tag{2.10}$$

となる．ここで原点Oを別な位置にとり，電子1までの位置ベクトルを r_1，電子2までの位置ベクトルを r_2 に取り直すと，

$$E_1 = -E_0 \exp\left[2\pi i\nu t + 2\pi i\left\{r_1 \cdot \frac{s - s_0}{\lambda}\right\}\right] \tag{2.11}$$

$$E_2 = -E_0 \exp\left[2\pi i\nu t + 2\pi i\left\{r_2 \cdot \frac{s - s_0}{\lambda}\right\}\right] \tag{2.12}$$

となる．ここで散乱ベクトル K を次のように定義する．

$$K = \frac{s - s_0}{\lambda} = \frac{S}{\lambda} \tag{2.13}$$

この K ベクトルは入射ベクトル s_0 および散乱ベクトル s と図2.8のような関係がある．もしX線が鏡面から反射したと仮定すると，S や K ベクトルはこの反射面に垂直である．また K ベクトルの絶対値は，s_0 や s が単位ベクトルだから図2.8から次式となる．

$$|K| = \frac{2\sin\theta}{\lambda} \tag{2.14}$$

この K ベクトルを使うと，E_1 や E_2 は

$$E_1 = -E_0 \exp\{2\pi i \nu t + 2\pi i (r_1 \cdot K)\} \tag{2.15}$$

$$E_2 = -E_0 \exp\{2\pi i \nu t + 2\pi i (r_2 \cdot K)\} \tag{2.16}$$

と表せる．2つの波が干渉して合成波を作ると，次式のようになる．

$$E_1 + E_2 = -E_0 \exp(2\pi i \nu t)[\exp\{2\pi i (r_1 \cdot K)\} + \exp\{2\pi i (r_2 \cdot K)\}] \tag{2.17}$$

このことから，2つの波を合成するには位相差を考慮して足し合わせればよいことがわかる．この結果は n 個の電子が存在する場合も同じである．j 番目の電子の座標を r_j とすると，その位相差は $\exp\{2\pi i (r_j \cdot K)\}$ と表せるから，合成波の振幅は，

$$E = -E_0 \exp(2\pi i \nu t) \sum_{j=1}^{n} \exp\{2\pi i (r_j \cdot K)\} \tag{2.18}$$

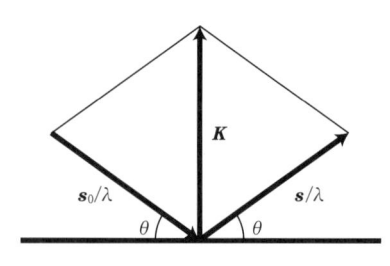

図2.8 散乱ベクトル K の定義
散乱面に垂直となる．

となる．実際に観測できる散乱強度 I は振幅 E の 2 乗だから，

$$\mathrm{I} = |E|^2 = EE^* = E_0^2 \left[\sum_{j=1}^{n} \exp\{2\pi i (\boldsymbol{r}_j \cdot \boldsymbol{K})\} \right]^2 \quad (2.19)$$

となる．上式の位相差の和の 2 乗が各方向への散乱波の強度を表しているので，この位相差の和を散乱能あるいは**散乱因子**(scattering factor)という．以後は散乱因子についてのみ説明するが，これは実測値が**散乱強度**(scattering intensity)だから，波の進行成分 $\exp(2\pi i\nu t)$ は残らないのである．

2.3 原子による散乱

原子は電子雲で覆われているので，この電子雲が X 線を散乱する．この電子雲の座標 $\boldsymbol{r}$ での電子密度を $\rho(\boldsymbol{r})$ とし，$\boldsymbol{r}$ 近辺の微小領域を dv_r とする．そうすると，dv_r からの散乱は電子数とその位相差を考慮して，

$$\{\rho(\boldsymbol{r})\, dv_r\} \exp\{2\pi i(\boldsymbol{r} \cdot \boldsymbol{K})\}$$

となる．$\rho(\boldsymbol{r})\, dv_r$ は連続関数なので，原子全体からの散乱波を合成するには和ではなく，原子全体 V で積分することになる．この値を**原子散乱因子** $f(\boldsymbol{K})$ (atomic scattering factor)という．

$$f(\boldsymbol{K}) = \int_V \rho(\boldsymbol{r}) \exp\{2\pi i(\boldsymbol{r} \cdot \boldsymbol{K})\} dv_r \quad (2.20)$$

ここで，原子の電子密度は球対称であると仮定すると，

$$\rho(\boldsymbol{r}) = \rho(r) \quad (2.21)$$

微小領域 dv_r を図 2.9 のような球対称で考えると，

$$dv_r = (2\pi r \sin\alpha)(r d\alpha)\, dr = 2\pi r^2 \sin\alpha\, d\alpha\, dr \quad (2.22)$$

ここで α は図のように $\boldsymbol{K}$ と $\boldsymbol{r}$ のなす角度である．

$$\begin{aligned}
f(|\boldsymbol{K}|) &= 2\pi \int_{\alpha=0}^{2\pi} \int_{r=0}^{\infty} \rho(r) \{\exp(2\pi i r |\boldsymbol{K}| \cos\alpha)\} r^2 \sin\alpha\, d\alpha\, dr \\
&= 2\pi \int_{r=0}^{\infty} \rho(r)\, r^2 \left[-\frac{\exp(2\pi i r |\boldsymbol{K}| \cos\alpha)}{2\pi i r |\boldsymbol{K}|} \right]_{\alpha=0}^{2\pi} dr \\
&= 4\pi \int_{r=0}^{\infty} \rho(r)\, r^2 \left\{ \frac{\sin 2\pi r |\boldsymbol{K}|}{2\pi r |\boldsymbol{K}|} \right\} dr \quad (2.23)
\end{aligned}$$

これ以上は $\rho(r)$ の関数が決まらないと計算できない．各原子について，$|\boldsymbol{K}|$

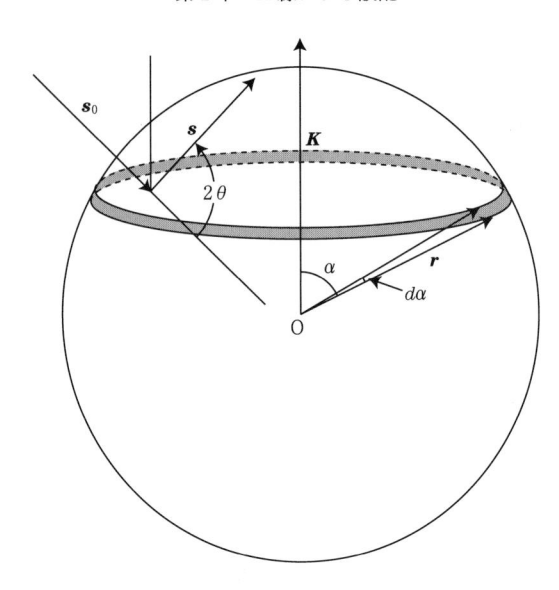

図 2.9 球対称原子の電子雲の微小領域からの散乱

の代わりに $|\boldsymbol{K}|/2 = \sin\theta/\lambda$ の 0.05 刻みの値が数値計算されていて，『International Tables for Crystallography Vol. C』に掲載されている．

各原子の散乱因子が $\sin\theta/\lambda$ の 0.05 間隔の数値では使いにくいので，これらの数値を次の関数で近似する方法が一般的に使われている．

$$f\left(\frac{\sin\theta}{\lambda}\right) = \sum_{i=1}^{4} a_i \exp\left(\frac{-b_i \sin^2\theta}{\lambda^2}\right) + c \tag{2.24}$$

この式で定数である $a_i (i=1,\cdots,4)$，$b_i (i=1,\cdots,4)$，c の値は各原子について求められていて，やはり『International Tables for Crystallography Vol. C』に掲載されている．

$|\boldsymbol{K}|=0$，すなわち散乱角が零度のときは，(2.23)式の{ }内の項は 1 となる．$4\pi r^2 \rho(r)$ は半径 r の球面の電子密度を表しているので，r について 0 から無限大まで積分すると，

$$f(0) = 4\pi \int_{r=0}^{\infty} \rho(r) r^2 dr = Z \tag{2.25}$$

2.3 原子による散乱

となる．ここで Z はこの原子の全電子数である．各原子の散乱因子は散乱角が大きくなると図 2.10 に示すように減少するので，一定の散乱角で比べると各原子散乱因子はその原子の全電子数に比例すると考えてよい．

ここまでの話では，入射 X 線の波長は X 線を散乱する原子が吸収する X 線の波長とかなり異なっていて，入射 X 線をちょうどゴム弾を壁がはじき返すように，入射 X 線と同じ波長で散乱するものとしていた．ところが，入射 X 線のエネルギーが原子の内殻電子をたたき出すエネルギーより少し強いエネルギーを持つと，X 線は効果的にその原子に吸収され，その原子から波長の異なる X 線が散乱される．そうすると，入射 X 線と同じ波長で散乱される X 線にも影響が出てくる．この現象を**異常散乱効果**(anomalous scattering effect)という．この異常散乱効果によって，通常の散乱因子に補正項 f' が加わるだけでなく，位相が $\pi/2$ だけ遅れた成分 f'' が現れることになる．この影響を考慮すると原子散乱因子は次式のように表される．

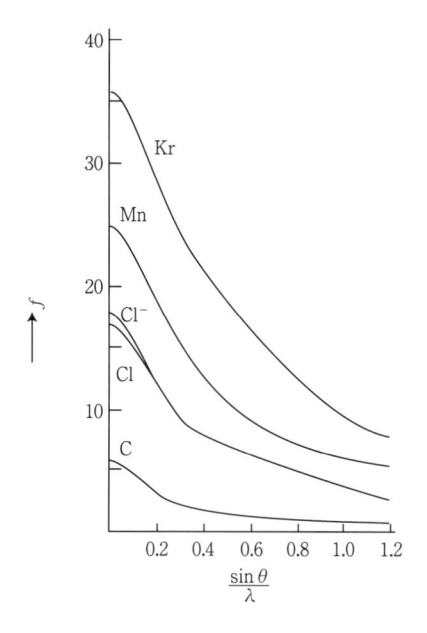

図 2.10 種々の原子散乱因子の散乱角度に対する変化

$$f\left(\frac{\sin\theta}{\lambda}\right) = f_0\left(\frac{\sin\theta}{\lambda}\right) + f' + if'' \tag{2.26}$$

この式の右辺の第3項は虚数項で，複素平面では $\pi/2$ だけ位相が遅れたことに対応している．

2.4 単位胞からの散乱

結晶は三次元の周期構造であり，その周期単位を単位胞という．単位胞の任意の点 r での電子密度を $\rho(r)$ とする．そうすると，単位胞全体からの K 方向への散乱因子を F(K) とすると，1個の原子からの散乱因子とまったく同様に，次のように与えられる．

$$F(K) = \int_V \rho(r) \exp\{2\pi i(r \cdot K)\} dv_r \tag{2.27}$$

ここで，原子は充分離れているので電子密度に重なりはないと仮定すると，図 2.11 のように表すことができる．そうすると，

$$r = r_j + r_j' \tag{2.28}$$

$$\rho(r) = \sum_{j=1}^{n} \rho(r_j') \tag{2.29}$$

となる．ここで，r_j は単位胞の原点から j 番目の原子の座標であり，r_j' はそ

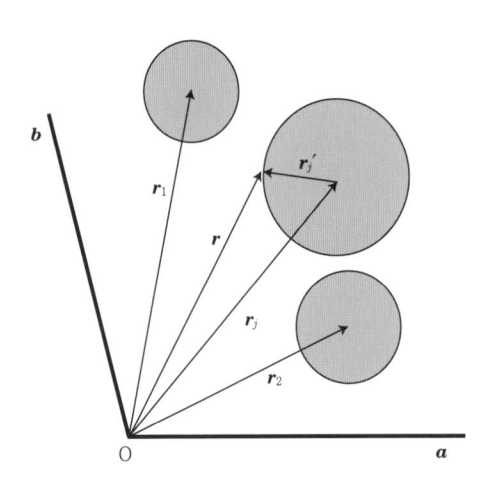

図 2.11 単位胞内の原子からの散乱因子

の原子の核の位置からの電子の座標である．この式を(2.27)式に代入すると，次式のようになる．

$$F(\boldsymbol{K}) = \int_V \sum_{j=1}^{n} \rho(\boldsymbol{r}_j') \exp[2\pi i\{(\boldsymbol{r}_j + \boldsymbol{r}_j')\cdot\boldsymbol{K}\}]dv_r$$

$$= \sum_{j=1}^{n}\Big[\int_{V'} \rho(\boldsymbol{r}_j')\exp\{2\pi i(\boldsymbol{r}_j'\cdot\boldsymbol{K})\}dv_r\Big]\exp\{2\pi i(\boldsymbol{r}_j\cdot\boldsymbol{K})\} \quad (2.30)$$

ここで，積分と和の順序を入れかえたので，積分範囲はそれぞれの原子の周囲のみで行い，その後各原子について和をとることになる．

この式の[　]内の式は原子散乱因子の式と同じであるから，

$$F(\boldsymbol{K}) = \sum_{j=1}^{n} f(\boldsymbol{K})\exp\{2\pi i(\boldsymbol{r}_j\cdot\boldsymbol{K})\} \quad (2.31)$$

この$F(\boldsymbol{K})$を単位胞の**構造因子**(structure factor)というが，各原子の原子散乱因子の散乱振幅を持つ波をその原子の位相差を考慮して足し合わせた形である．

2.5 結晶からの散乱

結晶からの散乱も単位胞からの散乱と同じである．結晶全体からの構造因子を$F_{\text{all}}(\boldsymbol{K})$とすると，各単位胞からの散乱因子を振幅として，位相差を考慮して結晶全体の単位胞で足し合わすと，次式のようになる．

$$F_{\text{all}}(\boldsymbol{K}) = \sum_{j=1}^{n} F(\boldsymbol{K})\exp\{2\pi i(\boldsymbol{r}_j\cdot\boldsymbol{K})\} \quad (2.32)$$

ここで，r_jは図2.12のようにj番目の単位胞の原点の座標を示している．a軸(ベクトル$\boldsymbol{a}$, $\boldsymbol{b}$, $\boldsymbol{c}$の向きにとる軸をそれぞれa軸，b軸，c軸とする)方向にn_1番目，b軸方向にn_2番目，c軸方向(図中には描かれていない)にn_3番目の単位胞をj番目の単位胞とすると，

$$\boldsymbol{r}_j = n_1\boldsymbol{a} + n_2\boldsymbol{b} + n_3\boldsymbol{c} \quad (2.33)$$

と表せる．この$\boldsymbol{r}_j$を(2.32)式に代入すると次式のようになる．

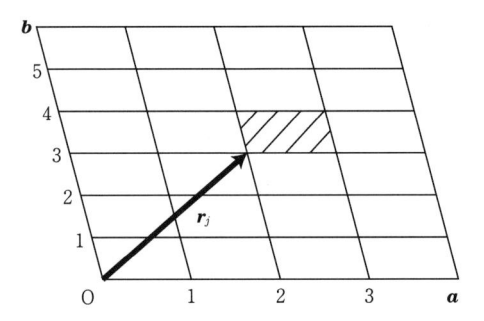

図 2.12 結晶格子全体からの散乱因子

$$\begin{aligned}
F_{all}(\boldsymbol{K}) &= \sum_{n_1=0}^{N_1} \sum_{n_2=0}^{N_2} \sum_{n_3=0}^{N_3} F(\boldsymbol{K}) \exp[2\pi i\{(n_1\boldsymbol{a} + n_2\boldsymbol{b} + n_3\boldsymbol{c})\cdot\boldsymbol{K}\}] \\
&= F(\boldsymbol{K}) \sum_{n_1=0}^{N_1} \exp\{2\pi i n_1(\boldsymbol{a}\cdot\boldsymbol{K})\} \sum_{n_2=0}^{N_2} \exp\{2\pi i n_2(\boldsymbol{b}\cdot\boldsymbol{K})\} \\
&\quad \times \sum_{n_3=0}^{N_3} \exp\{2\pi i n_3(\boldsymbol{c}\cdot\boldsymbol{K})\}
\end{aligned} \quad (2.34)$$

ここで N_1, N_2, N_3 は a 軸, b 軸, c 軸方向に存在する単位胞の数であり, 非常に大きな数である. ここで, $\sum \exp\{2\pi i n_1(\boldsymbol{a}\cdot\boldsymbol{K})\}$, $\sum \exp\{2\pi i n_2(\boldsymbol{b}\cdot\boldsymbol{K})\}$, $\sum \exp\{2\pi i n_3(\boldsymbol{c}\cdot\boldsymbol{K})\}$ をラウエ関数(Laue function)という. $\sum \exp\{2\pi i n_1(\boldsymbol{a}\cdot\boldsymbol{K})\}$ の $\boldsymbol{a}\cdot\boldsymbol{K}$ はスカラー量であるからこの値を φ とすると, ラウエ関数は $\sum \exp(2\pi i n_1 \varphi)$ となる. 図 2.13 に示すように複素平面上でベクトル $\exp(2\pi i\varphi)$ を無限に足し合わせると, 原点に対して互いに逆向きのベクトルと打ち消しあってゼロとなる. しかし φ が整数であると, 位相角 $2\pi\varphi$ は常に位相角ゼロの実軸上のベクトルになり, この大きさ1のベクトルを足し合わせることになるので, N_1 個足し合わせれば $1 \times N_1 = N_1$ となり, 非常に大きな値になる. いま h, k, l を任意の整数とすると, 散乱ベクトル $\boldsymbol{K}$ が

$$\boldsymbol{a}\cdot\boldsymbol{K} = h, \quad \boldsymbol{b}\cdot\boldsymbol{K} = k, \quad \boldsymbol{c}\cdot\boldsymbol{K} = l \quad (2.35)$$

の条件を満足するとき, それぞれのラウエ関数は N_1, N_2, N_3 となるので,

$$F_{all}(\boldsymbol{K}) = F(\boldsymbol{K}) \times N_1 N_2 N_3 \quad (2.36)$$

となる. $N_1 N_2 N_3$ は結晶の単位胞の総数である. 単位胞の1辺を 10 Å, 結晶

2.5 結晶からの散乱

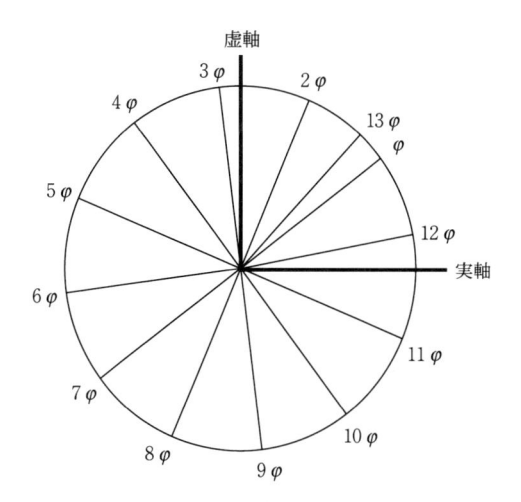

図 2.13 ラウエ関数の図による表示
各項 $\exp(2\pi i f)$ を足し合わせる．
各項が 1 以外では足し合わせると
打ち消しあってゼロとなる．

の 1 辺を 0.1 mm とすると，単位胞は 1 辺に 10^5 あるので，$N_1 N_2 N_3$ は 10^{15} という非常に大きな値となる．(2.35)式の条件を**ラウエの条件**(Laue condition)という．

結晶からの散乱を考えるときは $F_{\text{all}}(\boldsymbol{K})$ を使うべきであるが，(2.36)式から $F(\boldsymbol{K})$ の整数倍であるので，以後は $F(\boldsymbol{K})$ のみを考えればよい．ここで忘れてはならないのは，分子レベルの大きさしかない $F(\boldsymbol{K})$ からなぜ目に見える巨視的世界で強度測定ができるかというと，$N_1 N_2 N_3$ という倍率が掛かっているからであり，この倍率のおかげで，微視的な世界の構造をわれわれが見ることができるのである．しかし都合の良いことばかりではない．このような倍率を掛けるということは，すべての単位胞内の構造が同じという仮定をしているから可能になっている．そのため個々の単位胞の情報は消えてしまい，平均された構造しか見えてこないのである．

もう一つ重要なことは，単位胞の構造因子 $F(\boldsymbol{K})$ の $\boldsymbol{K}$ ベクトルはあらゆる方向が可能であるが，$F_{\text{all}}(\boldsymbol{K})$ の $\boldsymbol{K}$ ベクトルはラウエの条件を満足するとびと

びの方向しかないことである．しかし通常の結晶からの散乱は，原子の配列を決めるパラメータよりはるかに多い方向に$F_{\text{all}}(\boldsymbol{K})$があるので，構造解析する上での支障にはならない．

2.6 逆格子の考え方

周期構造を持つ結晶からの散乱は，$\boldsymbol{K}$ベクトルがラウエの条件(2.35)式を満足することが必須の条件である．(2.35)式のままでは使いにくいので，この式に数学的な変換を施す必要がある．そこで実格子のベクトル$\boldsymbol{a}$, $\boldsymbol{b}$, $\boldsymbol{c}$に対して，次式を満足する3つの独立なベクトル$\boldsymbol{a}^*$, $\boldsymbol{b}^*$, $\boldsymbol{c}^*$を考える．

$$\left.\begin{array}{lll} \boldsymbol{a}\cdot\boldsymbol{a}^* = 1, & \boldsymbol{a}\cdot\boldsymbol{b}^* = 0, & \boldsymbol{a}\cdot\boldsymbol{c}^* = 0 \\ \boldsymbol{b}\cdot\boldsymbol{a}^* = 0, & \boldsymbol{b}\cdot\boldsymbol{b}^* = 1, & \boldsymbol{b}\cdot\boldsymbol{c}^* = 0 \\ \boldsymbol{c}\cdot\boldsymbol{a}^* = 0, & \boldsymbol{c}\cdot\boldsymbol{b}^* = 0, & \boldsymbol{c}\cdot\boldsymbol{c}^* = 1 \end{array}\right\} \quad (2.37)$$

そして，$\boldsymbol{K}$ベクトルは，この3つのベクトルで作られる格子の原点から任意の格子点へのベクトルとする．h, k, lを任意の整数とすると，

$$\boldsymbol{K} = h\boldsymbol{a}^* + k\boldsymbol{b}^* + l\boldsymbol{c}^* \quad (2.38)$$

と表せる．この$\boldsymbol{K}$ベクトルで次式を計算すると，

$$\left.\begin{array}{l} \boldsymbol{K}\cdot\boldsymbol{a} = h(\boldsymbol{a}^*\cdot\boldsymbol{a}) + k(\boldsymbol{b}^*\cdot\boldsymbol{a}) + l(\boldsymbol{c}^*\cdot\boldsymbol{a}) = h \\ \boldsymbol{K}\cdot\boldsymbol{b} = h(\boldsymbol{a}^*\cdot\boldsymbol{b}) + k(\boldsymbol{b}^*\cdot\boldsymbol{b}) + l(\boldsymbol{c}^*\cdot\boldsymbol{b}) = k \\ \boldsymbol{K}\cdot\boldsymbol{c} = h(\boldsymbol{a}^*\cdot\boldsymbol{c}) + k(\boldsymbol{b}^*\cdot\boldsymbol{c}) + l(\boldsymbol{c}^*\cdot\boldsymbol{c}) = l \end{array}\right\} \quad (2.39)$$

となって，(2.35)式のラウエの条件とまったく同じとなる．ところで，(2.37)式を満足する$\boldsymbol{a}^*$, $\boldsymbol{b}^*$, $\boldsymbol{c}^*$は数学的に解くことができて，

$$\boldsymbol{a}^* = \frac{\boldsymbol{b}\times\boldsymbol{c}}{V}, \quad \boldsymbol{b}^* = \frac{\boldsymbol{c}\times\boldsymbol{a}}{V}, \quad \boldsymbol{c}^* = \frac{\boldsymbol{a}\times\boldsymbol{b}}{V} \quad (2.40)$$

となる．ここで$V = \{\boldsymbol{a}\cdot(\boldsymbol{b}\times\boldsymbol{c})\} = \{\boldsymbol{b}\cdot(\boldsymbol{c}\times\boldsymbol{a})\} = \{\boldsymbol{c}\cdot(\boldsymbol{a}\times\boldsymbol{b})\}$で，単位胞の体積を表している．実際，$(\boldsymbol{b}\times\boldsymbol{c})$というベクトル積は$\boldsymbol{b}$や$\boldsymbol{c}$ベクトルに垂直で，大きさは$\boldsymbol{b}$と$\boldsymbol{c}$ベクトルが作る平行四辺形の面積に等しいということを考慮すると，(2.40)式の$\boldsymbol{a}^*$, $\boldsymbol{b}^*$, $\boldsymbol{c}^*$は(2.37)式とまったく同等であることが確かめられるであろう．

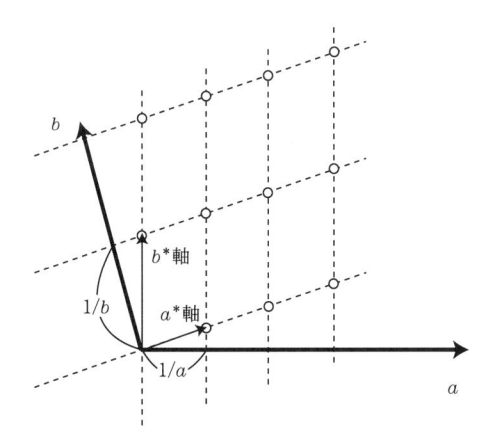

図 2.14 実格子と逆格子の関係
a^* 軸, b^* 軸はそれぞれ b 軸, a 軸に垂直である.

この a^*, b^*, c^* からなる格子を逆格子といい, K ベクトルはこの逆格子の格子点に向けたベクトルである. また a, b, c が作る空間を実空間, a^*, b^*, c^* が作る空間を逆空間という. 実格子と逆格子の関係を二次元で示すと, 図 2.14 のように, a^* 軸は b 軸に垂直, b^* 軸は a 軸に垂直であり, a^* 軸, b^* 軸が作る逆格子は a 軸, b 軸とそれぞれ $1/a$, $1/b$ で交わる (ただし, $a = |a|$, $b = |b|$ である).

2.7 逆格子と実格子の関係

前節で, 結晶の回折条件を満足して散乱される X 線はすべての方向ではなく, 散乱ベクトルが (2.38) 式を満足する逆格子の格子点方向に限られることを示した. この逆格子点と実際の格子とがどのような関係にあるか調べてみよう.

結晶には**格子面** (lattice plane) あるいは**結晶面** (crystal plane) という概念が定義されている. これは図 2.15 にその一例が示されているように, 結晶格子のすべての格子点を通って, 平行で, 等間隔の平面の集まりをいう. このよう

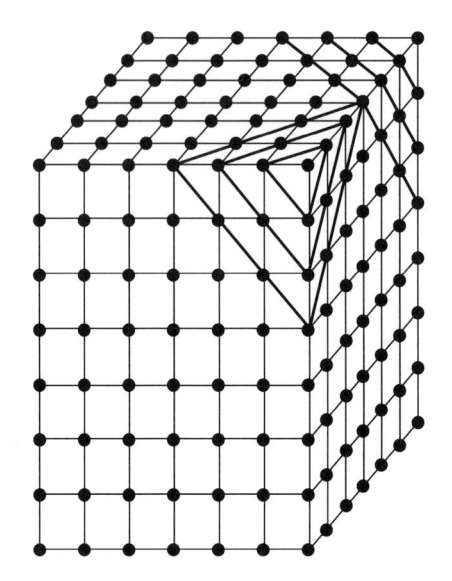

図 2.15 結晶の格子面
平行な面の集まりですべての格子点を含む.

な平面の集まりは無数に考えられるので，それぞれの平面の集まりを区別する必要がある．1 つの平面の集まりを定義する方法として，この平面の集まりの中で最も原点に近い平面を取り上げる．この平面が a 軸，b 軸，c 軸と a/h，b/k，c/l で交わるとすると，この平面の集まりを $(h\,k\,l)$ 面と定義する．h，k，l を面指数あるいは**ミラー指数**(Miller index)という．もしいずれかの軸に平行で交わらないときはその面指数を 0 とする．図の平面は，$a/1$，$b/1$，$c/1$ で交わるので (1 1 1) 面である．三次元で表しにくいので，図 2.16 に種々の面の集まりを二次元で表している．なお h，k，l は負の場合もある．

　結晶の表面を作る結晶面はこれらの格子面のうちの比較的簡単な指数でできているものと平行である．その指数はミラー指数で表される．このことから，結晶が周期構造を持てば有理指数の法則が成り立つことは明らかである．また逆に，有理指数の法則から結晶が周期構造を持つと推論した根拠が理解できるであろう．結晶面と格子面は同じ概念で使われているが，結晶面は結晶の表面に限定して使う方が混乱が少ない．

2.7 逆格子と実格子の関係

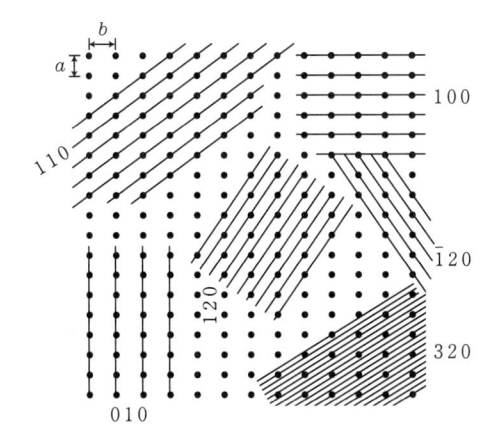

図 2.16 二次元で見たいろいろな格子面とその面指数

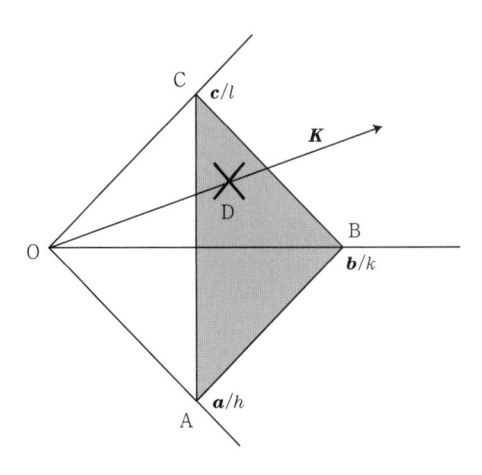

図 2.17 格子面の面間隔
原点からこの面への垂線 OD は K ベクトルと一致する．

ところで，ある格子面の面間隔はどのように表されるであろうか．図 2.17 に示すように，原点 O から原点に最も近い平面に垂線を下ろしたときの交わる点を D とする．この平面は a 軸，b 軸，c 軸と点 A, B, C で交わるとす

る．この垂線の長さ $|\mathrm{OD}|$ が面間隔である．そうすると，

$$\left.\begin{array}{l} \mathrm{OD} \perp \mathrm{AB} \\ \mathrm{OD} \perp \mathrm{BC} \\ \overrightarrow{\mathrm{OD}} // (\overrightarrow{\mathrm{AB}} \times \overrightarrow{\mathrm{BC}}) \end{array}\right\} \quad (2.41)$$

であり，

$$\overrightarrow{\mathrm{AB}} = \overrightarrow{\mathrm{OB}} - \overrightarrow{\mathrm{OA}} = \frac{\boldsymbol{b}}{k} - \frac{\boldsymbol{a}}{h} \quad (2.42)$$

$$\overrightarrow{\mathrm{BC}} = \overrightarrow{\mathrm{OC}} - \overrightarrow{\mathrm{OB}} = \frac{\boldsymbol{c}}{l} - \frac{\boldsymbol{b}}{k} \quad (2.43)$$

と表されるから，

$$\begin{aligned} \overrightarrow{\mathrm{OD}} &// \left(\frac{\boldsymbol{b}}{k} - \frac{\boldsymbol{a}}{h}\right) \times \left(\frac{\boldsymbol{c}}{l} - \frac{\boldsymbol{b}}{k}\right) = \frac{\boldsymbol{b} \times \boldsymbol{c}}{kl} - \frac{\boldsymbol{a} \times \boldsymbol{c}}{hl} + \frac{\boldsymbol{a} \times \boldsymbol{b}}{hk} \\ &= \frac{V}{hkl} \left[\frac{h(\boldsymbol{b} \times \boldsymbol{c})}{V} + \frac{k(\boldsymbol{c} \times \boldsymbol{a})}{V} + \frac{l(\boldsymbol{a} \times \boldsymbol{b})}{V}\right] \\ &= \frac{V}{hkl} (h\boldsymbol{a}^* + k\boldsymbol{b}^* + l\boldsymbol{c}^*) = \frac{V}{hkl} \boldsymbol{K} \quad (2.44) \end{aligned}$$

となり，$\overrightarrow{\mathrm{OD}}$ は散乱ベクトル $\boldsymbol{K}$ に平行である．ところで，図 2.17 に示すように，$\overrightarrow{\mathrm{OA}}$ は $\boldsymbol{a}/h$ であり，$\overrightarrow{\mathrm{OD}}$ の長さは $\overrightarrow{\mathrm{OA}}$ の $\overrightarrow{\mathrm{OD}}$ 方向の成分である．言い換えると，$\overrightarrow{\mathrm{OD}}$ の長さはベクトル $\boldsymbol{a}/h$ の $\boldsymbol{K}$ 方向の成分であるので，

$$|\overrightarrow{\mathrm{OD}}| = \frac{\boldsymbol{a}}{h} \cdot \frac{\boldsymbol{K}}{|\boldsymbol{K}|} = \frac{\boldsymbol{a} \cdot \boldsymbol{K}}{h} \frac{1}{|\boldsymbol{K}|} = \frac{1}{|\boldsymbol{K}|} \quad (2.45)$$

となる．したがって，$\boldsymbol{K} = h\boldsymbol{a}^* + k\boldsymbol{b}^* + l\boldsymbol{c}^*$ ベクトルは格子面 $(h\,k\,l)$ に垂直で，そのベクトルの長さは，$(h\,k\,l)$ の面間隔 d_{hkl} の逆数に等しい．散乱ベクトルが大きい散乱が狭い面間隔の格子面に対応している．つまり，高角度の散乱強度を集めると分解能が良くなることを意味している．

2.8 ブラッグの条件

図 2.18 に示すように，格子面 $(h\,k\,l)$ が鏡面となって X 線を散乱すると考えるとどのような関係式が導かれるだろうか．この格子面 $(h\,k\,l)$ の面間隔は d_{hkl} であるから，

2.8 ブラッグの条件

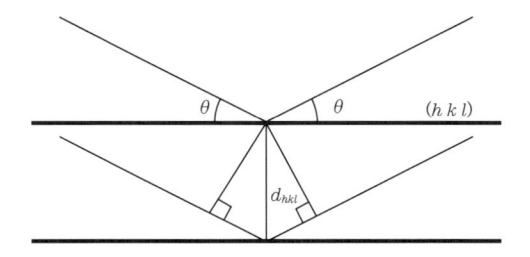

図 2.18 ブラッグの回折の条件
格子面が鏡面のように X 線を反射しているところから回折を反射と呼ぶようになったが，これは仮想的な反射であって本当に反射しているのではない．

$$d_{hkl} = \frac{1}{|\boldsymbol{K}|} \tag{2.46}$$

と表せ，(2.13)式と(2.14)式から，

$$d_{hkl} = \frac{1}{|\boldsymbol{K}|} = \frac{\lambda}{|\boldsymbol{s} - \boldsymbol{s}_0|} = \frac{\lambda}{2\sin\theta} \tag{2.47}$$

$$2d_{hkl}\sin\theta = \lambda \tag{2.48}$$

となる．$d(h\,k\,l)$ は格子面であり，$d(h'\,k'\,l')$, $d(2h'\,2k'\,2l')$, $d(3h'\,3k'\,3l')$, … と表す代わりに，$d(h'\,k'\,l')/n$ とすると，

$$2d_{hkl}\sin\theta = n\lambda \tag{2.49}$$

となって，**ブラッグの条件**(Bragg condition)が導かれる．つまりブラッグの条件とラウエの条件は数学的にはまったく同じものである．数学的にはラウエの条件から説明する方が厳密なのであるが，数式だけでなく直観的な理解も必要なので，教科書でブラッグの条件が定着したのである．しかし，なぜ結晶から X 線がとびとびの方向に散乱されるかという疑問にはブラッグの条件が直観的で分かりやすいが，どの方向にどのような強度の X 線が散乱されるかということにはブラッグの条件は無力であるので，結晶構造解析を目指す人は，ここで展開したラウエの条件を理解することが不可欠である．

2.9 回折の条件

ラウエの条件に基づいて回折が起こる条件を調べてみよう．まず散乱ベクトル K は X 線の入射ベクトル s_0 と散乱ベクトル s から，(2.13)式のように $K = (s - s_0)/\lambda$ で表される．そしてこの K ベクトルが結晶で散乱されるときは連続でなく，(2.38)式で表されるように，$K = ha^* + kb^* + lc^*$ を満足する方向に限られる．この 2 つの式を満足するには図 2.19 に示すように，結晶を中心にして半径 $(1/\lambda)$ の球を描き，横軸の左方から X 線が入射し，入射ベクトルを s_0/λ とする．結晶から散乱する方向として球面上の 1 点を取り，その方向を散乱ベクトル s/λ とする．そうすると，K ベクトルは(2.13)式で表されるが，このベクトルの始点を結晶ではなく，入射ベクトルを延長して球と交わる点を O とすると，O と s/λ ベクトルの先端を結ぶベクトルが K ベクトルとなる．この K ベクトルが(2.38)式を満足するには，O を原点として逆格子を描き，K ベクトルがこの逆格子点のどれかと一致すると考えればよい．すなわち，この逆格子点のどれかが球面上にあるとき，結晶からその点方向 (s/λ 方向)に散乱が起こり，その散乱は K ベクトルのもつ hkl の指数の回折（あるいは反射）といわれる．この球は**回折球**(diffraction sphere)あるいは**エワルド球**(Ewald sphere)と呼ばれる．回折球上にある逆格子点は限られたわずかな点しかないが，結晶を回転すると逆格子も回転するので，どこかで回折球と交わることとなり，その点の方向に結晶から散乱が起こる．O を原点として，半径が $2/\lambda$ の球を描くと，この球の外にある逆格子点は回折球と決して交わらない．そのためこの球のことを**限界球**(limiting sphere)という．しかし，限界球の外の逆格子点が決して散乱を起こさないわけではない．X 線の波長 λ を短くすると$(2/\lambda)$も大きくなるので，限界球を大きくすることができる．

図 2.19 を作図すれば，それぞれの逆格子点がどのような条件で回折球と交わり，どの方向に X 線が散乱されるかという厄介な問題が簡単に求められる（†脚注次頁）．この図がラウエの条件による X 線の回折条件である．各格子点に F(K) の重みがあると考えて，結晶からその逆格子点方向に向かって

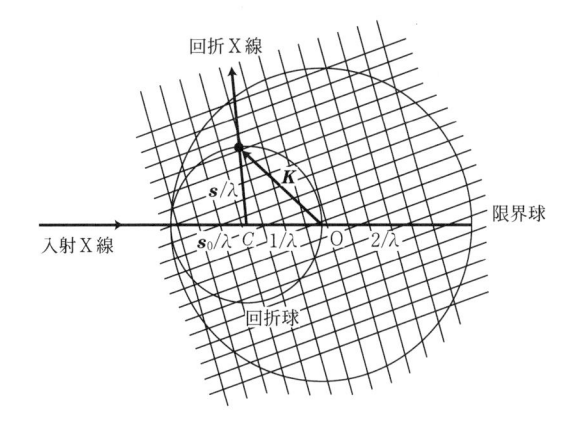

図 2.19 エワルドの回折球と回折の条件

$|F(K)|^2$ に比例する強度の回折 X 線が観測される．

2.10 フーリエ変換と電子密度

構造因子 $F(K)$ は単位胞内の電子密度 $\rho(r)$ から(2.30)式で得られる．

$$F(K) = \int_V \rho(r) \exp\{2\pi i(r \cdot K)\} dv_r$$

この関係式は数学的にはフーリエ変換といわれている．フーリエ変換の法則によれば，ある関数がフーリエ変換されると数学的にはその逆変換も可能である．この関係を利用して(2.30)式を逆変換すると，次式のようになる．

$$\rho(r) = \frac{1}{V} \int_{V_K} F(K) \exp\{-2\pi i(K \cdot r)\} dv_K \qquad (2.50)$$

ここで V は単位胞の体積であり，積分は逆空間全体にわたって行うこととなる．しかし前節で述べたように，逆空間内で K ベクトルはすべての位置を取ることはできず，逆格子点だけである．また実空間のベクトル r を分率座標

---

† 結晶を一定の速度で回転すると，逆格子点はその原点から遠い点ほど回折球を速く横切ることになるので，回折強度を補正する必要がある．これを**ローレンツ因子**(Lorentz factor)という．

で表すと,

$$\left.\begin{array}{l} \boldsymbol{K} = h\boldsymbol{a}^* + k\boldsymbol{b}^* + l\boldsymbol{c}^* \\ \boldsymbol{r} = x\boldsymbol{a} + y\boldsymbol{b} + z\boldsymbol{c} \end{array}\right\} \quad (2.51)$$

となり,そうすると,

$$\boldsymbol{K} \cdot \boldsymbol{r} = hx + ky + lz \quad (2.52)$$

と表せる.また逆空間での積分はとびとびの値であるから,その値を順に足し合わせる級数で表される.したがって,(2.50)式は単位胞内の(x, y, z)点での電子密度を表す式となり,

$$\rho(x, y, z) = \frac{1}{V}\sum_{-\infty}^{+\infty}\sum_{-\infty}^{+\infty}\sum_{-\infty}^{+\infty} F(h\,k\,l) \exp\{-2\pi i(hx + ky + lz)\} \quad (2.53)$$

と表せる.この式から,$F(h\,k\,l)$が実験で求められれば,フーリエ級数を使って単位胞内の電子密度が計算できる.電子密度のピーク位置に原子核が存在するから,この式を計算すれば,結晶構造は解析されることとなる.

しかし残念ながら,実験で得られるのは散乱強度であって,構造因子ではない.散乱強度と構造因子の間には,

$$I(h\,k\,l) = |F(h\,k\,l)|^2 \quad (2.54)$$

の関係がある.$F(h\,k\,l)$は複素数であるから図2.20のように複素平面で表すと,

$$F(h\,k\,l) = |F(h\,k\,l)|\exp\{i\varphi(h\,k\,l)\} \quad (2.55)$$

となる.$F(h\,k\,l)$を得るには,散乱強度から求められる$|F(h\,k\,l)|$の他に,**位相角** $\varphi(h\,k\,l)$が必要である.この位相角は波の進行を表す位相ではなく,$F(h\,k\,l)$の複素平面内で示す角度のことであり,$F(h\,k\,l)$を実数成分$A(h\,k\,l)$と虚数成分$B(h\,k\,l)$とすると,

$$F(h\,k\,l) = A(h\,k\,l) + iB(h\,k\,l) \quad (2.56)$$

となるが,これは

$$\varphi(h\,k\,l) = \tan^{-1}\left\{\frac{B(h\,k\,l)}{A(h\,k\,l)}\right\} \quad (2.57)$$

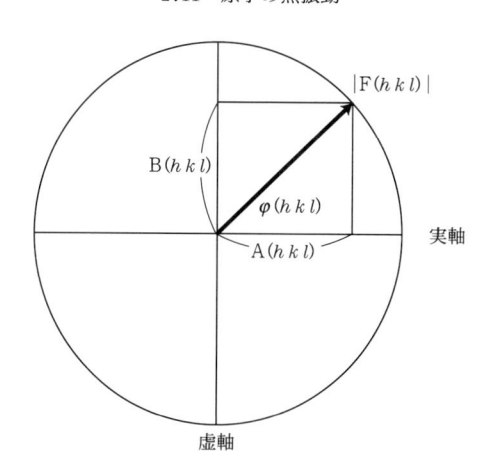

図 2.20 構造因子とその位相角

のことである．通常の回折実験では I(hkl) が測定できるだけであり，$\varphi(hkl)$ は測定できない．したがって，(2.53)式を使って簡単に構造が決められるわけではなく，何らかの手段で各回折斑点の構造因子について $\varphi(hkl)$ を推定しなければならないのである．この問題を位相問題といって，現在も完全な解は得られていない．ブラッグ以来，結晶研究者の努力でいくつかの有力な方法が提案されてきた．最近では，これらの方法を組み合わせれば 95 ％ 以上解決されたといってよい．しかし 100 ％ の解法は存在しないので，何も考えないで自動的に構造が解析されることは絶対にないということは銘記すべきである．

2.11 原子の熱振動

原子の電子密度 $\rho(r)$ は結合している方向によって異なっているが，(2.21)式のように球対称の $\rho(r)$ を仮定しても，原子の中心を求めるのにはそれほど大きな誤差を与えない．しかし原子は熱振動しているので，この効果を考慮しなければならない．図 2.21(a) の球対称の電子密度を持つ原子が等方的な熱運動をすると，この熱運動の時間は X 線のデータを測定する時間に比べて圧倒

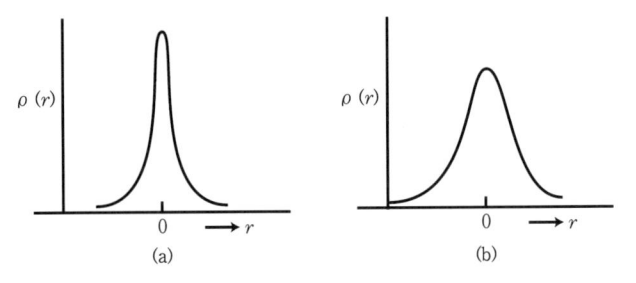

図 2.21 原子の電子密度
(a)静止している原子の電子密度，(b)熱運動している原子の電子密度．

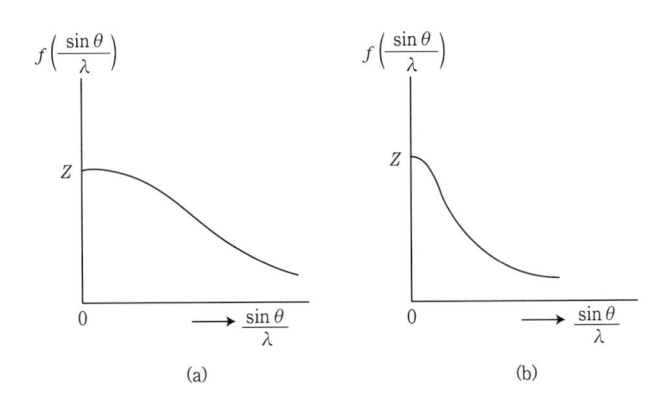

図 2.22 原子散乱因子
(a)静止している原子の原子散乱因子，(b)熱運動している原子の原子散乱因子．

的に短いので，電子密度は図 2.21(b) のようにピークは低くなって等方的に拡がって見える．そうすると，図 2.21(a) の電子密度 $\rho(r)$ からの原子散乱因子 $f(\sin\theta/\lambda)$ は図 2.22(a) となるが，図 2.21(b) の電子密度からの原子散乱因子は図 2.22(b) のように低角側に集中するようになる．このことは高角側の構造因子を減少させることとなる．この効果を考慮すると，原子散乱因子を

$$f\left(\frac{\sin\theta}{\lambda}\right) = f\left(\frac{\sin\theta}{\lambda}\right) \times T \tag{2.58}$$

と表すことができ，この T を**温度因子**(temperature (thermal) factor)という．T は等方的な熱振動をしていて，その平均二乗変位を $\langle u^2 \rangle$ とすると，

$$U = \langle u^2 \rangle \tag{2.59}$$

$$T = \exp\left(\frac{-8\pi^2 U \sin^2\theta}{\lambda^2}\right) \tag{2.60}$$

となる．この U の値を**等方性温度因子**(isotropic temperature (thermal) factor)という．従来，等方性温度因子は B と定義されていたが，

$$B = 8\pi^2 U \tag{2.61}$$

の関係にある．B を用いるのは式の形を簡単にするためである．

演 習 問 題

図のような仮想的な一次元の周期構造を持つ物質の構造解析を行ってみよう．この場合は簡単のために，含まれている原子もその順序も図の通りとするので，Cu−N，N≡C，C−C の距離を求めることである．

― Cu ― N ― C ― C ― N ― Cu ―
|←――――――― a ―――――――→|

図 一次元モデル銅錯体 $Cu(CN)_2$ の構造

[1] この一次元構造からの回折強度 I(h) とその回折角 θ を銅の X 線(Cu K$_\alpha$ 線：波長 1.542 Å)を使って測定した．次表に次数 h での回折角と回折強度から求

h	F(h)	θ	$\dfrac{\sin\theta}{\lambda}$
1	16.5	5.53	
2	19.5	11.12	
3	28.9	16.81	
4	24.4	22.67	
5	19.5	28.81	
6	10.2	35.33	
7	22.2	42.43	
8	13.9	50.44	
9	8.0	60.16	
10	13.2	74.53	

めた F(h) の値が記載されている．$\sin\theta/\lambda$ の欄を計算せよ．

[2] 表より，周期単位 a を有効数字 3 桁で答えよ．

[3] 表では h が 10 までしかないが，この実験で 10 以上は求められるか？

[4] h の最大値を $h_{\max}$ とすると，$a/h_{\max}$ が最も短い面間隔である．この値を分解能という．この距離までしか見えないということではないが，解析結果の目安となる．この場合の分解能は何 Å か？

[5] 分解能を上げるにはどうしたらよいか？

[6] 次に電子密度を計算してみよう．三次元では (2.53) 式であるが，一次元では，

$$\rho(x) = \frac{1}{a} \sum F(h) \exp(-2\pi i h x)$$

となる．ここで和は $h = -10$ から $h = 10$ までとる．この構造のように対称心があれば，F($\bar{h}$) = F(h) であるから，

$$\rho(x) = \frac{F(0)}{a} + \frac{2}{a} \sum F(h) \cos(2\pi h x)$$

となり，和は $h = 1$ から $h = 10$ までである．

この式で，F(0) は単位胞中の全電子数である．F(0) を求めよ．

[7] $x = 0.00$ から 0.50 まで 0.05 おきに $\rho(x)$ を計算せよ．横軸を x とし，縦軸を $\rho(x)$ として，一次元の電子密度図を描け．

[8] $\rho(x)$ のピークに原子がある．このグラフから，N と C の座標 x_N, x_C を 0.01 の精度で求めよ．$\rho(x)$ を 0.01 きざみで計算すると明瞭になるが，原点に重原子があるため，級数打ち切りの効果として，$x = 0.1$ 近辺と $x = 0.2$ 近辺に偽のピークが現れて N 原子と C 原子の位置が少し見にくくなる．

[9] Cu−N，N≡C，C−C の距離を求めよ．

[10] 以上で構造解析は終わったのであるが，得られた結果が確かに実験値に合うものであることを確かめる必要がある．そのためには，得られた座標から構造因子 $F_c(h)$ を計算して，その結果が実測の構造因子 $F_o(h)$ と一致する必要がある．一次元では

$$F(h) = \sum_{j=1}^{n} f_j\left(\frac{\sin\theta}{\lambda}\right) \exp(2\pi i h x_j)$$

であるから，

$$F_c(h) = f_\mathrm{Cu}\left(\frac{\sin\theta}{\lambda}\right) + 2 f_\mathrm{N}\left(\frac{\sin\theta}{\lambda}\right) \cos(2\pi h x_\mathrm{N})$$

$$+ 2f_C\left(\frac{\sin\theta}{\lambda}\right)\cos(2\pi h x_C)$$

となる.

この式で $f_{Cu}(\sin\theta/\lambda)$, $f_N(\sin\theta/\lambda)$, $f_C(\sin\theta/\lambda)$ の値は次の表を使う.

$\dfrac{\sin\theta}{\lambda}$	0.00	0.05	0.10	0.15	0.20	0.25	0.30	0.35	0.40	0.50	0.60	0.70
f_{Cu}	29.00	28.31	26.54	24.33	22.21	20.38	18.76	17.30	15.98	13.82	12.07	10.66
f_N	7.00	6.78	6.20	5.42	4.60	3.86	3.24	2.76	2.40	1.94	1.70	1.55
f_C	6.00	5.76	5.13	4.36	3.58	2.98	2.50	2.17	1.95	1.69	1.54	1.43

この表から, $F(1), F(2), \cdots, F(10)$ の $\sin\theta/\lambda$ について, $f_{Cu}(\sin\theta/\lambda)$, $f_N(\sin\theta/\lambda)$, $f_C(\sin\theta/\lambda)$ を内挿して求めよ.

[11] $F_c(1), F_c(2), F_c(3), \cdots, F_c(10)$ を計算せよ.

[12] 次式の R 値を計算せよ.

$$R = \frac{\sum |F_o(h) - F_c(h)|}{\sum |F_o(h)|}$$

R 値が 0.10 以下なら解析は成功している.

これで解析は終了したので, 後は最小二乗法で精密化すればよい. これは計算量が膨大となるので, 手計算では無理である. 三次元の構造解析でも, 構造因子が5千から1万程度で, $\rho(x,y,z)$ を計算する点が3万から10万点程度になることを除けば本質的には同じである. ただし $I(h)$ からいきなり $F(h)$ が求められたところが違っている. その理由は, 原点に重原子があるため, $F(h)$ がすべて正の値になったからである. 対称心のある構造では $F(h)$ が正なのか負なのかということが位相問題であり, この例では位相問題が最初から解決されていた.

第3章 結晶の対称

　結晶の対称性の理解は難解に思われるが，数学的には明快であり，対称性を利用すると構造解析が非常に簡単になる．極端な場合には，1個の原子の座標が決まると，対称性を利用して96個の原子の座標を決めることができる．また，解析結果を報告した論文では，対称で関係づけられない独立な原子の座標と対称性のみが報告されるので，この対称性から単位胞内の全原子の座標を導き出さなければならない．

3.1 結晶格子と格子点

　物質をゆっくり冷却するか，溶媒中に溶かして徐々に溶解度を下げると，三次元の周期構造を持つ結晶が析出する．図3.1に示すように，周期的に並んだ物質の同じ点を結んだ線は等間隔の格子を作る．この点を**格子点**(lattice point)といい，この格子点が作る格子を**結晶格子**(crystal lattice)という．この結晶格子の周期単位が**単位格子**(unit lattice)である．格子点は単位格子の

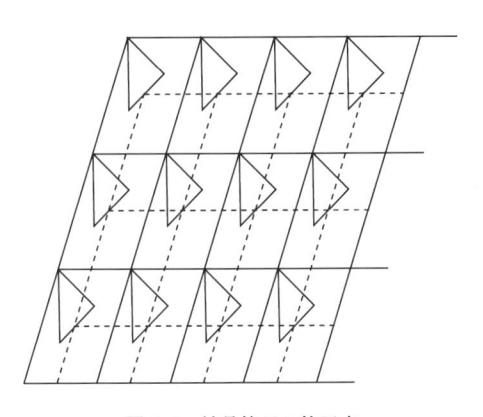

図3.1　結晶格子と格子点

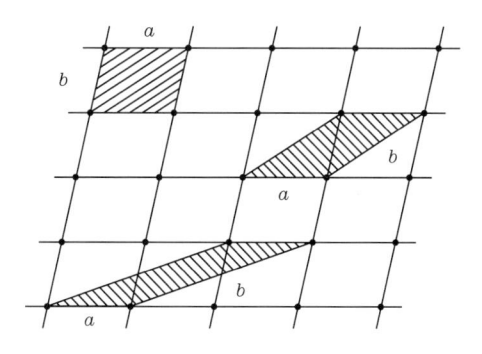

図 3.2　結晶格子の選び方

頂点にある．図 3.1 に示すように，格子点の取り方は周期的に並んだ物質に対して同じ位置なら，物質内でも物質外でもどこでもよい．しかし実線の格子でも破線の格子でも単位格子は同じになる．単位格子は格子点からなる多面体であり，格子の中身は考えないが，単位胞は物体の詰まった周期単位を表している．したがって，外形は同じでも，単位格子と単位胞とは異なる概念である．

ところで，格子点が決まっても，格子の取り方には図 3.2 に示すようにいろいろある．しかし体積はどれも同じで，それぞれが格子点を 1 個だけ含んでいる．後に示すように，格子は結晶の対称要素に合わせてとる方がよい．

3.2　対称の要素

物体にある操作をほどこした結果が元の状態と見分けがつかなくなったとき，同位したといい，その操作を**対称操作**(symmetry operation)という．このような対称操作のうち，よくみられるのが**回転操作**(rotation)である．回転操作の定義は，物体をある軸の周りで $2\pi/p$ ラジアンずつ回転させて，1 回転の間に p 回同位したとき，$2\pi/p$ の回転を p 回回転操作といい，この軸を **p 回回転軸**(p-fold rotation axis)という．そしてこの p 回回転軸を**対称の要素**(symmetry element)という．たとえば，図 3.3(a) に示す図は中央の軸の周りで 90° 回転してもまったく同じ図であって，回転する前の図と区別ができない．このような回転対称は，360°÷90°＝4 だから，4 回回転軸という．回転

(a) (b)

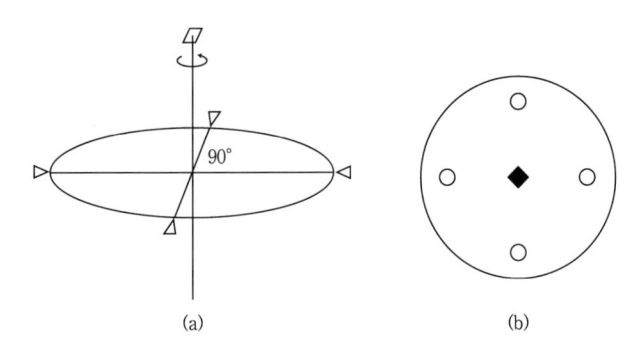

図 3.3 4回回転軸(a)とその表記法(b)

1　　2　　3

4　　6

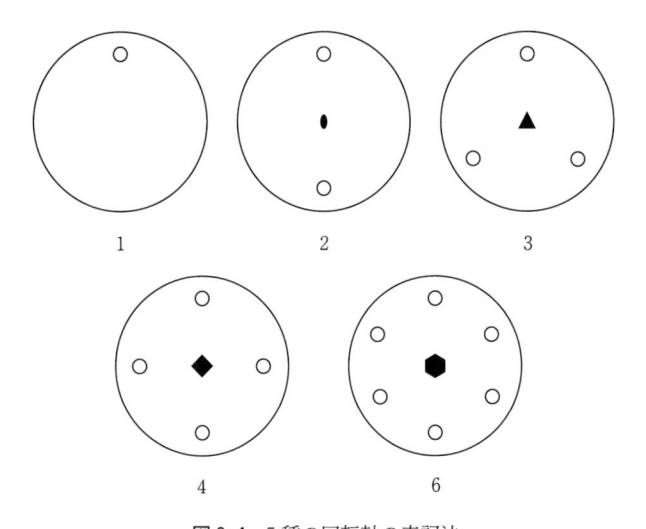

図 3.4 5種の回転軸の表記法

軸を示す図は毎回図 3.3(a)のように描くのでは複雑であるので，図 3.3(b)のように，円を描き，円の中央点を通って円を含む平面に垂直に回転軸をとる．物体を白丸で描くが，白丸は円を含む平面より上にあると定義する．結晶の周期構造を満足する回転軸は，図 3.4 で示す 1 回，2 回，3 回，4 回，6 回回転軸の 5 種しかない．円の中心の記号はそれぞれの回転軸を表している．

なぜ 5 種の回転軸だけが周期構造を満足するかを説明しよう．図 3.5 に回転

3.2 対称の要素

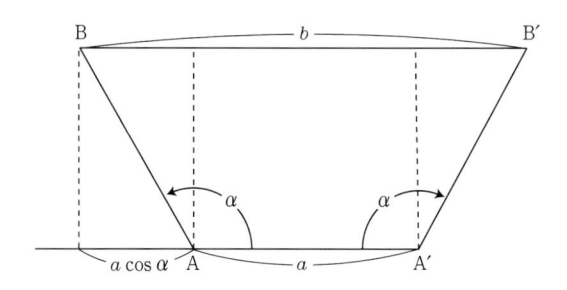

図 3.5 周期構造を満足する回転軸

表 3.1 5 種の対称と回転角度

n	-1	0	1	2	3
$\cos \alpha$	1	$\frac{1}{2}$	0	$-\frac{1}{2}$	-1
α	0°	60°	90°	120°	180°
p	1	6	4	3	2

軸が紙面に垂直に周期的に並んでいる．A の回転軸で回転軸 A′ を α ラジアン回転して回転軸 B と一致したとする．同様に A′ の回転軸で A を α ラジアン回転して B′ に一致したとする．A-A′ の距離を a とし，B-B′ の距離を b とする．そうすると，B-B′ は周期単位 a の整数 (n) 倍となるから，

$$b = a - 2a\cos\alpha = na \tag{3.1}$$

と表される．その結果，

$$1 - 2\cos\alpha = n \tag{3.2}$$

となる．n は整数であり，$\cos\alpha$ は -1 から $+1$ までの値であるから，n は -1 から $+3$ までの値となる．それぞれの n の値について α の角度と回転軸を求めると，表 3.1 のようになる．この結果から，回転軸は 5 種しかないことが証明された．

　回転軸によく似た対称要素として**回反軸** (inversion-rotation axis) がある．回反軸は $2\pi/p$ ラジアン回転すると同時に，回転軸上の 1 点に関して反転する操作を表し，この反転をさせる基準点を**回反心** (inversion-rotation center) と

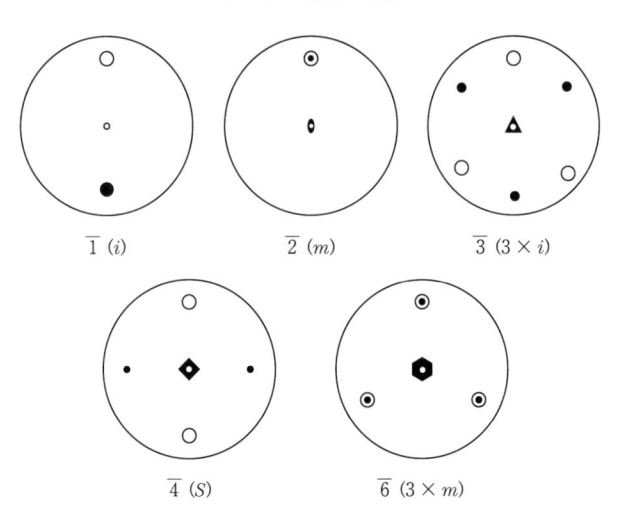

図3.6 5種の回反軸

　いう．5種の回転軸に対応して，図3.6に示すように5種の回反軸がある．回転軸と同様に紙面内に円を描き，中心に回反軸の記号を描く．円を含む平面の上にある物体を白丸，その平面の下にある物体を黒丸で表す．白丸と黒丸が重なると見えなくなるので，白丸を黒丸より大きく描く．回反軸の記号は $\bar{1}$, $\bar{2}$, $\bar{3}$, $\bar{4}$, $\bar{6}$ と表す．$\bar{1}$ は対称心で i とも表す．$\bar{2}$ は鏡面 m と同じである．$\bar{3}$ は3回回転軸と対称心を組み合わせた $3 \times i$ と同じであり，独立な対称要素ではない．$\bar{4}$ は S とも表す．$\bar{6}$ は3回回転軸と鏡面を組み合わせた $3 \times m$ と同じである．

　この結果，独立な対称要素として，5種の回転軸の他に3種の回反軸がある．円の中心にそれぞれの回反軸の記号が示されている．

3.3　結晶の点群

　対称の要素として，回転軸5種と回反軸3種の8種があるが，この対称要素を1点の周りで組み合わせることが可能である．前節で，回反軸 $\bar{3}$ は3と i の組み合わせ，$\bar{6}$ は3と m の組み合わせと考えたのと同様である．このとき重

3.3 結晶の点群

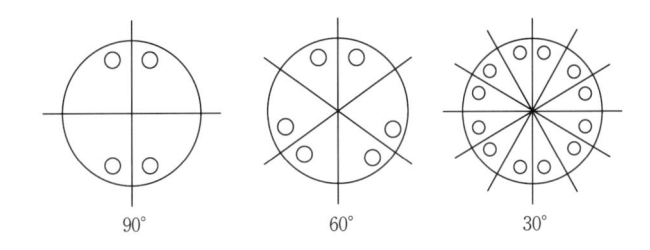

要なことは，対称要素が組み合わされた結果，対称で関係づけられた物体は有限であり，無限に現れないことである．これを数学的には群を作るという．たとえば鏡面 m を 2 枚組み合わせたとき，図 3.7 のようにお互いに 90°，60°，30° で交わるときは対称で映る物体は 4 個，6 個，12 個に限られるが，これらの角度と異なるときは鏡面で映る物体は無数に現れる．したがって，鏡面の組み合わせはこれら 3 つの角度でなければならない．次に，2 つの対称要素の組み合わせで自動的に 3 つめの対称が現れる場合もある．たとえば図 3.8 に示すように，4 回回転軸とそれを含む鏡面を組み合わせてみよう．4 回回転軸の対称では 90° 回転すると同じものが存在するから，鏡面も 90° で交わる 2 枚が存在する．4 回回転軸の対称操作で物体 A が 90° 回転することで 4 つ現れる．A

図 3.7 鏡面対称の組み合わせ

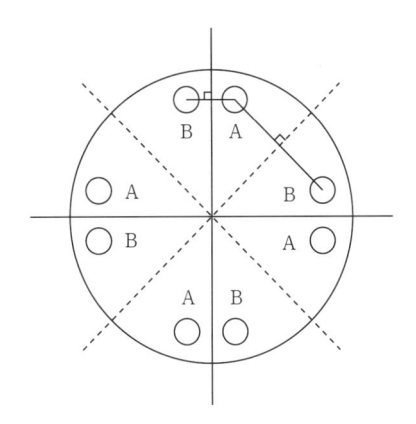

図 3.8 4 回回転軸とそれを含む鏡面の組み合わせ

が2枚の鏡面で映され，4つのBが現れる．そうすると，AとBは破線で示される鏡面で映された関係になる．すなわち4回回転軸とそれを含む鏡面を組み合わせると，自動的に45°で交わる破線の鏡面が2枚付け加わることになる．

このような組み合わせを8種の対称要素について1点の周りで組み合わせると，合計で32通りの組み合わせができる．これを，1点の周りで対称が群を作る組み合わせという意味で，**点群**(point group)という．この中にはもちろん5種の回転軸と5種の回反軸のみという対称も含まれている．

この32通りの点群の表記法は2種類存在する．**シェーンフリースの記号**(Schönflies symbol)と**ヘルマン-モーガンの記号**(Hermann-Mauguin symbol)である．分光学では分子が任意の方位を持っているので，対称は点群対称しか現れない．そこで伝統的にシェーンフリースの記号を使っている．しかし結晶学では，結晶の格子点にこの点群対称を組み合わせる必要があるので，結晶格子の対称との組み合わせを考える必要がある．そのために結晶格子の対称との組み合わせを考慮した記号として考案されたヘルマン-モーガンの記号を使っている．

ヘルマン-モーガンの記号の表記法には次のような約束がある．
(1)最高位の回転軸(p)や回反軸($\bar{p}$)を主軸にする†．(2)主軸に垂直な鏡面は，p/mや$\bar{p}/m$とする．(3)主軸を含む鏡面は，$p\,m$，$\bar{p}\,m$，$p\,m\,m$とする．$p\,m\,m$の後のmは先の4回軸のときと同様に，自動的に現れた鏡面である．(4)対称の高いときには簡略した記号を使う．たとえば4回軸と3回軸と2回軸を組み合わせた立方体を表す点群$4\bar{3}2$は，4回軸に垂直に鏡面$4/m$，3回回反軸$\bar{3}$，2回軸に垂直に鏡面$2/m$が最高の対称となり，$4/m\,\bar{3}\,2/m$と書くべきであるが，簡略して$m\bar{3}m$とする．

表3.2に，32通りの点群のシェーンフリースの記号とヘルマン-モーガンの記号をまとめてある．X線が登場する以前に結晶面の対称は32通りあり，32

---

† 以後，p回回転軸とp回回反軸に共通していえるときはp回軸と表す．

表 3.2　32種の点群対称とその表記法：ヘルマン-モーガン(H-M)とシェーンフリース(S)法

H-M	S	H-M	S
1	C_1	$\bar{3}$	C_{3i}
$\bar{1}$	C_i	3 2	D_3
2	C_2	3 m	C_{3v}
m	C_s	$\bar{3}\,m$	D_{3a}
2/m	C_{2h}	6	C_6
2 2 2	D_2	$\bar{6}$	D_{3h}
$m\,m\,2$	C_{2v}	6/m	C_{6h}
$m\,m\,m$	D_{2k}	6 2 2	D_6
4	C_4	6 $m\,m$	C_{6v}
$\bar{4}$	S_4	$\bar{6}\,m\,2$	D_{3h}
4/m	C_{4h}	6/$m\,m\,m$	D_{6h}
4 2 2	D_4	2 3	T
4 $m\,m$	C_{4v}	$m\,3$	T_h
$\bar{4}\,2\,m$	D_{2a}	4 3 2	O
4/$m\,m\,m$	D_{4h}	$\bar{4}\,3\,m$	T_a
3	C_3	$m\,\bar{3}\,m$	O_h

の晶族と呼ばれていた．結晶面は格子面の一部であり，結晶格子の対称が現れるから，結晶面の対称が点群対称と同じになることは当然の結果であった．

3.4　7つの晶系

結晶の単位胞を表すパラメータは図3.9に示すように，a, b, c の3軸の長さと，b軸とc軸の間の角度 α, c軸とa軸の間の角度 β, a軸とb軸の間の角度 γ の6つのパラメータで表される．この単位胞の対称は，5種の回転軸対称に対応して7つの晶系に分けられる．図3.10に7つの晶系を示す．対称要素として1あるいは$\bar{1}(i)$しか持たないのが三斜晶系である．次に2あるいは$\bar{2}(m)$を1軸方向に持つ単斜晶系がある．通常2あるいは$\bar{2}(m)$の軸は伝統的にb軸にとる．単位胞を表すパラメータのうち，αとγは90°であるところが三斜晶系と異なる．2あるいは$\bar{2}(m)$を3軸方向に持つと直方晶系[†]となる．

[†] かつては斜方晶系ともいった(p. 77参照)．

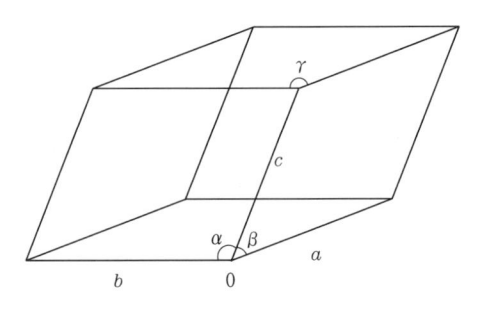

図 3.9 単位胞を表すパラメータ

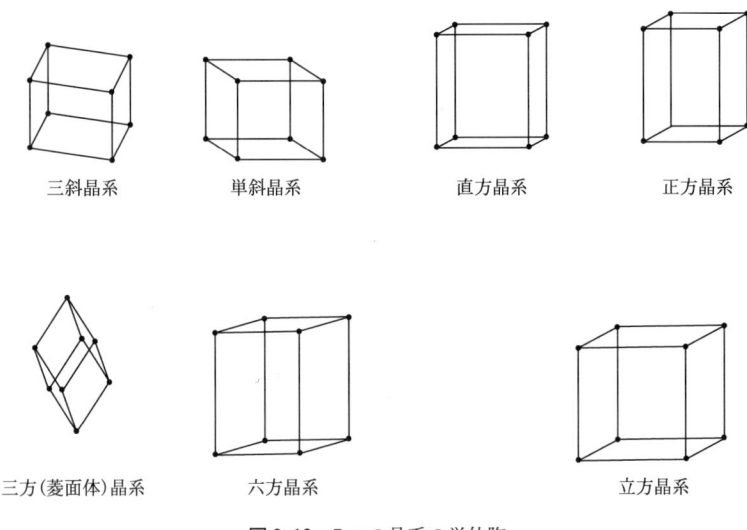

図 3.10 7つの晶系の単位胞

α, β, γ はすべて 90°となる．4 あるいは $\bar{4}(S)$ を 1 軸方向に持つと正方晶系となる．対称軸は c 軸にとる．単位胞のパラメータは a と c となる．3 あるいは $\bar{3}$ を 1 軸方向に持つと三方あるいは菱面体晶系になる．この場合は立方体を体対角方向に引き伸ばすか縮めた形となる．この場合の単位胞を表すパラメータは a と軸間の角度 α である．この単位胞を六方晶系と同じようにとることが多い．6 あるいは $\bar{6}$ を 1 軸方向に持つと六方晶系となる．対称軸は c 軸にとる．単位胞のパラメータは a と c となる．4 と 3 を持つと立方晶系となる．

3.5 空間格子

表3.3 7つの晶系の単位胞の特徴と対称

晶系	単位胞の形	単位胞の対称
三斜	$a \neq b \neq c, \ \alpha \neq \beta \neq \gamma \neq 90°$ $(c < a < b)$	$\bar{1}$
単斜	$a \neq b \neq c, \ \alpha = \gamma = 90° \ \beta \neq 90°$ $(c < a, \ \beta > 90°)$	$2/m$
直方	$a \neq b \neq c, \ \alpha = \beta = \gamma = 90°$ $(c < a < b)$	$2/m\,2/m\,2/m$
正方	$a = b \neq c, \ \alpha = \beta = \gamma = 90°$	$4/m\,2/m\,2/m$
三方(菱面体)	$a = b = c, \ \alpha = \beta = \gamma \neq 90°$	$\bar{3}\,2/m\,1$
(六方)	$a = b \neq c, \ \alpha = \beta = 90°, \ \gamma = 120°$	$\bar{3}\,2/m\,1$
六方	$a = b \neq c, \ \alpha = \beta = 90°, \ \gamma = 120°$	$6/m\,2/m\,2/m$
立方	$a = b = c, \ \alpha = \beta = \gamma = 90°$	$4/m\,\bar{3}\,2/m$

単位胞のパラメータは a だけである．またそれぞれの単位胞のパラメータを表3.3にまとめてある．

3.5 空間格子

単位胞の取り方としては前節の7つの晶系に合わせてとることになるが，実際には簡単でない場合もある．たとえば図3.11に示すように物体が配列すると，配列の周期性から考えると破線のような単位胞となるが，7つの晶系の対称性とは異なることとなる．このような場合に晶系の対称性に合わせた単位胞をとると，実線のような単位胞になる．その結果，周期性を表す格子点が単位胞の頂点だけでなく，側面の中心にも配置することになる．このような格子を**複合格子**(complex lattice)という．単位胞の頂点にのみ格子点を持つ格子を**単純格子**(primitive lattice；P)という．複合格子としては，図3.12に示すように，A, B, C の各底面の中心に格子点を含む A, B, C 底心格子，単位格子の真ん中に格子点を持つ体心格子(I)，すべての面の中心に格子点を持つ面心格子(F)がある．しかし，すべての晶系の格子にこの5種類の複合格子が存在することにはならない．たとえば三斜晶系はそもそも対称心があるかどうかだけであり，格子軸は任意の方向でよいから，複合格子にとる必要がない．

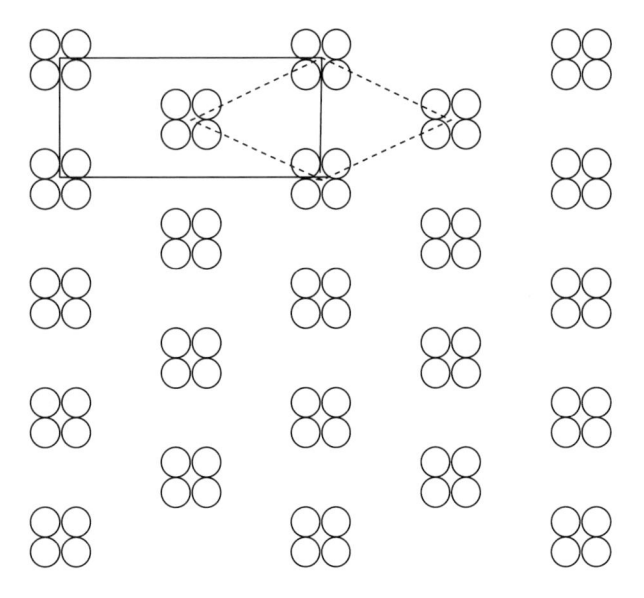

図 3.11　対称要素に合わせた単位胞の選び方

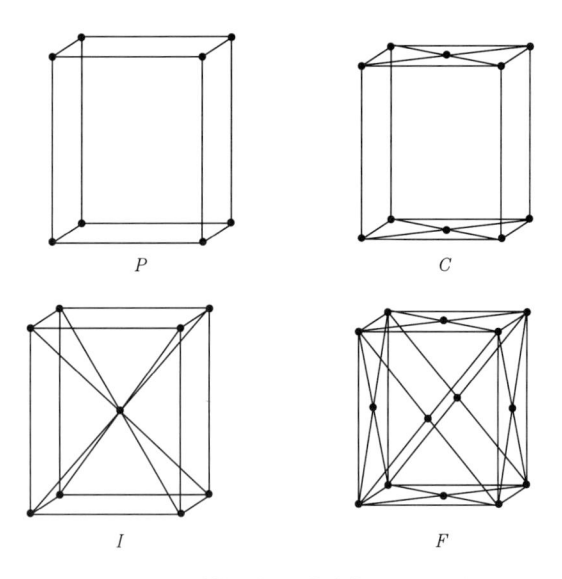

図 3.12　単純格子(P)と複合格子(C, I, F)

3.5 空間格子

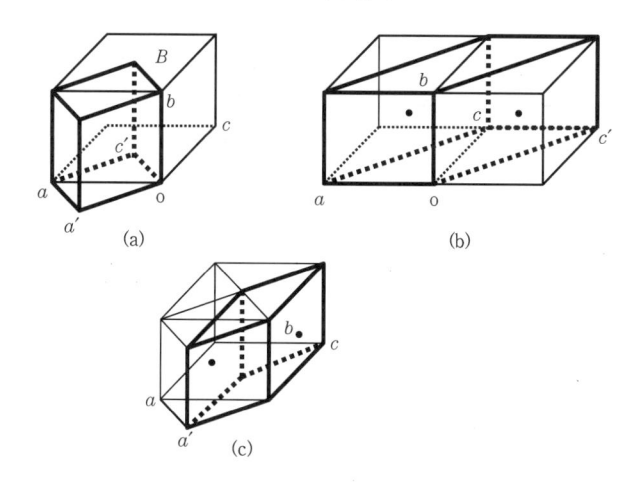

図 3.13 単斜晶系の格子変換
(a) B 底心格子から単純格子へ，(b) 体心格子から A 底心格子へ，(c) 面心格子から A 底心格子へ．

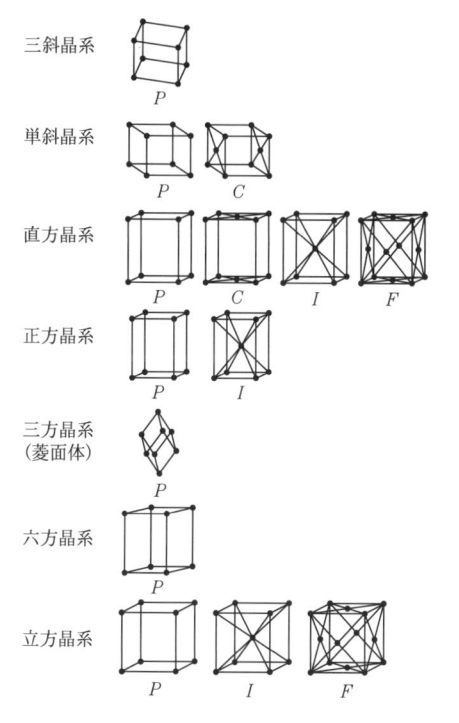

三斜晶系　　　　　P

単斜晶系　　　P　　C

直方晶系　　P　C　I　F

正方晶系　　　P　I

三方晶系
(菱面体)　　　　P

六方晶系　　　　P

立方晶系　　P　I　F

図 3.14　14種の空間(ブラベ)格子

単斜晶系ではA面やC面の中心に格子点を持つと複合格子にとることになるが，B面の中心に格子点をとる必要がなく，図3.13(a)のように単純格子にとっても，b軸の対称は失わない．また体心格子の場合もb軸は変えないで，c軸を対角方向にとり直せば，図3.13(b)のようにC底心格子になる．面心格子の場合もc軸を対角方向にとり直すと，図3.13(c)のようにC底心格子になる．a軸とc軸を入れ替えると，A底心格子はC底心格子になるので，単斜晶系では複合格子としてはC底心格子だけを考慮すればよい．

直方晶系の場合は3軸方向に対称があるので，軸を取り替えてAやB底心格子をC底心格子にすることは可能であるが，対角方向にとると直交軸がなくなるので体心格子や面心格子は残すことになる．したがって，P, C, I, Fの格子が可能である．このようにして7つの晶系についてそれぞれ考慮すると，図3.10のような7つの単純格子の他に7種の複合格子が可能になり，図3.14に示すように，合計14種の格子が存在する．この格子を**空間格子**(space lattice)あるいは**ブラベ格子**(Bravais lattice)という．

3.6 点空間群

空間格子としては14種あり，この空間格子の格子点がそれぞれ点群対称を満足すると，単位胞の対称としての空間を表す群ができあがる．たとえば直方晶系で考えると，点群対称としては222, $mm2$, mmmがある．そのうちの222については，P, C, I, Fのすべての空間格子が満足するので，$P222$, $C222$, $I222$, $F222$が組み合わせとして可能である．同様に$mm2$やmmmについても求められる．この組み合わせのやり方を32通りの点群対称と14種の空間格子について考えると，72種の組み合わせが可能であり，これを**点空間群**(point space group)という．これで片付くと簡単なのであるが，結晶は周期構造であるので，対称は1点の周りで完結しなくてもよい．この条件を加味するともう少し複雑になる．

3.7 らせん軸と映進面

周期構造を持つ結晶格子の場合は，1点の周りの対称要素の定義を少し変形しなければならなくなる．というのは，対称操作を繰り返して元の位置に戻るだけでなく，1周期あるいは数周期離れた別の格子点のところで同じ位置に戻っても，まったく同じ状態となって区別できないのである．たとえば2回回転軸について見てみよう．図3.15(a)に示すように，2回回転軸は180°回転した位置と元の位置との2つの位置であるが，図3.15(b)のように，180°回転して回転軸方向に半周期並進する操作を新たな対称操作とすると，この操作をもう一度繰り返すと，元の位置ではなく，1周期回転軸方向に並進した格子点の同じ位置に移ることになる．元の位置には1周期前の格子点から移ってくるので，格子構造を満足している．この対称のことを**2回らせん軸**(2-fold screw axis)といい，2_1 と書く．

3回回転軸の場合は，120°回転して回転軸方向に1/3周期並進する操作が3回らせん軸となる．この場合，図3.16に示すように右まわりのらせんと左まわりのらせんがあるので，3_1 と 3_2 として区別する．

4回回転軸の場合は，90°回転して回転軸方向に1/4周期並進する操作と2/4周期並進する操作と2つある．1/4周期並進操作に 4_1 と 4_3 があり，4_1 が

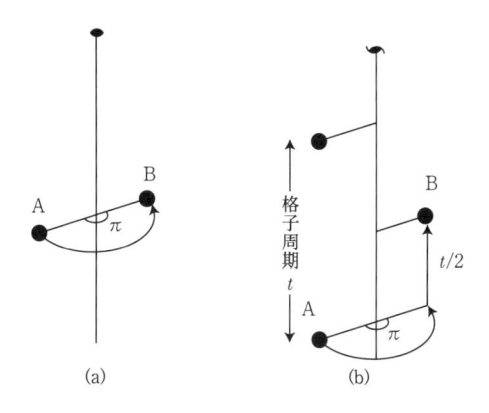

図3.15 回転軸とらせん軸
(a)2回回転軸対称と(b)2回らせん軸対称．

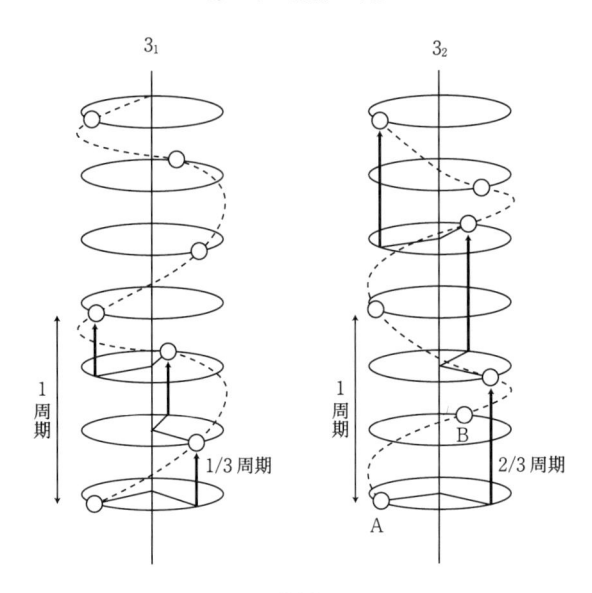

図 3.16 3回らせん軸対称
3_1 と 3_2 はらせんの回転が逆になる.

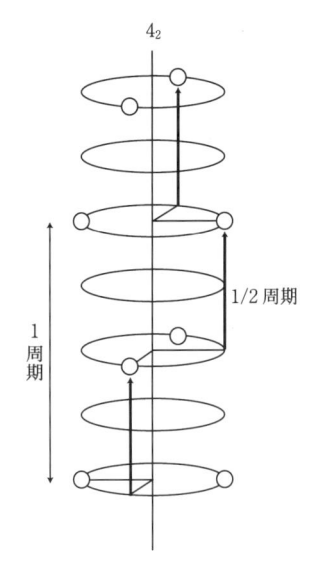

図 3.17 4_2 のらせん軸対称

右まわりらせんで 4_3 が左まわりらせんである. 4_2 らせんは少し複雑で, 図 3.17 に示すように, 90°回転して4回軸方向に半周期並進し, さらに 90°回転して半周期並進し, さらに 90°回転して半周期並進し, もう一度 90°回転して半周期並進すると, 2周期先の格子点の同じ位置に移る. 1周期離れた位置には同じものがあるはずであるから, それも書き入れてある. 4_2 を約分すると 2_1 ではないかと思われるが, 両者はまったく異なる対称である.

6回回転軸の場合はさらに複雑で, 6_1, 6_2, 6_3, 6_4, 6_5 の5種がある. らせん軸対称 p_q の定義は,「$2\pi/p$ だけ回転して q/p だけ回転軸

3.7 らせん軸と映進面

表3.4 回転軸，回反軸，らせん軸対称の記号

対称の記号	記号[1]	記号[2]
2	●	←
2_1	⬥	←
3	▲	⤳
3_1	▲	⤳
3_2	▲	⤳
4	◆	⊢
4_1	✦	⊢
4_2	✦	⊢
4_3	✦	⊢
6	⬢	
6_1	✶	
6_2	▶	
6_3	⬢	
6_4	◀	
6_5	✶	
1	○	
3	▲	
4	◆	δ—
6	⬢	

1) 紙面に垂直；2) 紙面に平行（8回軸は体対角方向．6回軸はない）

方向に並進する」となる．このとき，q/p が 1/2 より大きいときは，$p_{(p-q)}$ の逆回転のらせんとなる．回転軸，回反軸，らせん軸の記号を表3.4に示す．

周期構造であるために現れるもう一つの対称は，**映進面**(glide plane)である．鏡面対称は鏡面で映す操作であるが，図3.18(a)で示すように，映進面は鏡面で映して，鏡面と平行な軸方向に並進する操作である．この操作をもう一度繰り返すと，元の位置ではなく，1周期離れた格子点の同じ位置に移ることになる．そのため，格子構造を満足する対称操作である．図3.18(b)には，こ

60　第3章　結晶の対称

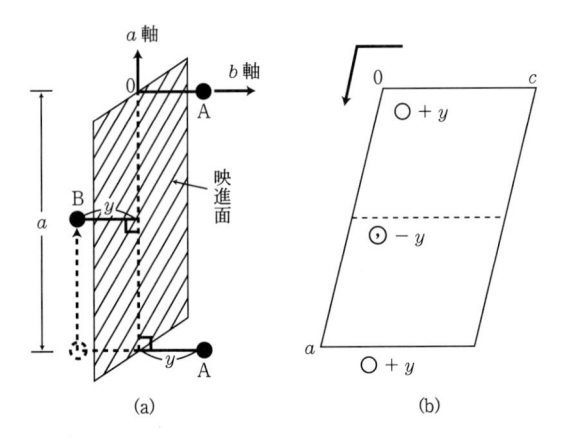

図 3.18 映進面対称
b 軸に垂直な a 映進面の例．(a) は全体図で，(b) は対称の記号で表す．

表 3.5 鏡面と映進面対称の記号

鏡面あるいは映進面	記号（紙面に平行）	記号（紙面に垂直）
m		
a, b および c	（体心格子のとき）	
n		
d		

の対称操作を映進面に垂直な方向から示している．物体を示す白丸の中の，の記号は，鏡面で映されていることを表している．鏡面で映して，a軸方向に半周期並進する操作をa映進面，b軸方向に半周期並進する操作をb映進面，c軸方向に半周期並進する操作をc映進面と定義する．鏡面で映して，aとb軸の対角方向，aとc軸の対角方向，bとc軸の対角方向にそれぞれ$(a+b)/2$, $(a+c)/2$, $(b+c)/2$並進する操作をn映進面という．さらに，1周期離れた格子点ではなく，面心や体心の位置にある格子点の同じ位置に移ることもある．$(a+b)/2$, $(a+c)/2$, $(b+c)/2$, $(a+b+c)/2$の位置にある格子点に移るときには，それぞれ$(a+b)/4$, $(a+c)/4$, $(b+c)/4$, $(a+b+c)/4$並進することになる．このような映進面をd映進面あるいはダイヤモンド映進面という．鏡面と映進面の記号を表3.5に示す．

3.8 230の空間群

回転軸と回反軸からなる点群対称にらせん軸と映進面の対称を付け加えて空間格子と組み合わせると，結晶の**空間群**(space group)が作られる．単斜晶系を例にとると，空間格子はPとCである．点群対称は2とmと$2/m$であり，これにらせん軸と映進面を付け加える．空間格子がCであるので，c映進面が対応する．そうすると，2_1, c, $2_1/m$, $2/c$, $2_1/c$の5種が付け加わることとなる．またCのときは2回回転軸があると，図3.19に示すように，2回回転軸の間に必ず2回らせん軸が現れるので，Cでは2_1を含む対称を除く．そうすると，

P：$P2$, Pm, $P2/m$, $P2_1$, Pc, $P2_1/m$, $P2/c$, $P2_1/c$

C：$C2$, Cm, $C2/m$, Cc, $C2/c$

の組み合わせが可能であり，単斜晶系の13種の空間群が導かれる．

他の晶系でも同様に組み合わせを作ればよいが，かなり複雑になるので数学的な手段が必要となる．この組み合わせの総数は230種存在することが数学的に厳密に証明されている．この数学的な証明は，X線が登場する直前の1885年にフェドロフ(E. Fedorov)が，1890年にシェーンフリース(A. Shönflies)

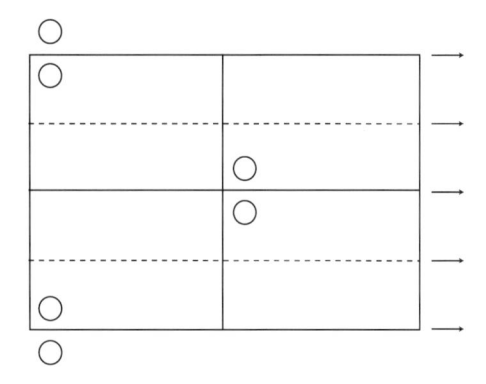

図 3.19 単斜晶系の C 底心格子における
2 回軸と 2 回らせん軸の関係

が，1895 年にバーロウ(W. Barlow)が，それぞれ独立に証明した．この空間群の考え方を使うと構造解析が非常に容易になることに気づいて最初に導入したのは日本の西川正治であり，NaCl の構造解析のわずか 2 年後の 1915 年に，スピネル構造の解析で適用した(コラム参照)．

結晶解析に空間群を導入した西川正治

　西川正治は 1884 年東京八王子で生まれた．1910 年東京帝国大学理学部物理学科を卒業して，大学院で放射線の研究を行った．1911 年，ドイツとイギリスに留学して帰国したばかりの寺田寅彦が東大に戻ってきた．寺田は随筆家や俳人としても有名である．寺田は 1912 年のラウエの論文を読んで早速 X 線回折の実験を開始し，1913 年 5 月の学会ですでに結晶からの X 線回折を報告している．寺田自身はすぐに別の研究に移ってしまったが，寺田から X 線回折の研究を勧められたのが西川である．すでに 1913 年の学会で，アスベスト，絹，麻，雲母などの X 線回折写真を報告している．

　西川の優れたところは，結晶は対称性を持ち，230 の空間群で記述されるのであるから，回折像にその対称が反映していて，回折像の対称性を利用して結晶構造は解析されるという概念を初めて結晶学に導入したことである．そして 1915

年に,実際に空間群を利用してスピネル(Fe_3O_4)の結晶構造を解析し,この報告が日本の帝国学士院の欧文誌に発表された.しかし,わずかに早くブラッグによって同じ構造がNature誌に発表されたため,スピネルの構造解析という業績はブラッグの仕事とされ,この論文は空間群を結晶学に導入した業績も含めて長らく欧米では知られなかった.空間群を利用した理由は,寺田からシェーンフリースの空間群の本を読んでおくように勧められて数学教室の図書室で独学していたためであると,後年西川自身が述べている.

西川は1917年にアメリカに留学し,コーネル大学に滞在した.このとき同室に大学院生のワイコフ(R. Wyckoff)がいた.彼はX線解析に非常に興味を持ったので,西川は彼にX線解析を教え,その際に空間群理論も教えたようである.西川はその2年後イギリスに渡り,ブラッグの研究室に半年滞在して帰国し,理化学研究所の研究員となり,後に東大教授に就任した.コーネル大学のワイコフはその後X線解析の研究を続け,多くの結晶解析の研究者を育て,アメリカのX線解析の父といわれている.またワイコフが作った結晶の空間群の表は結晶解析の必需品として世界中で利用されるようになり,空間群といえばワイコフといわれるようになった.そのため空間群を結晶学に導入したのはワイコフであると欧米では長年思われてきた.しかしワイコフ自身は生前,空間群理論を結晶解析に導入することは西川に教わったと述べていた.

西川は帰国後,東大と理化学研究所でX線解析の研究を続け,その後のわが国のX線解析の研究者を数多く育て,日本のX線解析の父といわれている.西川はその後電子線回折にも興味を持ち,この分野でも世界的に知られている.

第二次大戦後,西川は日本の結晶学の再建に努力し,1949年には学術会議に結晶学研究連絡委員会を作って初代委員長となり,1950年には日本結晶学会を創設して初代会長に選ばれた.しかし会長在任中の1952年,68歳で急逝した.

3.9 空間群の実例

空間群は数学的に厳密な対称要素の組み合わせであるが,実際の結晶に現れる空間群はかなり少数の空間群に偏っている.この理由としては次のようなことが考えられる.たとえば2回回転軸のみを持つ空間群は$P2$であるが,2回

$P2_1/c$ C_{2h}^5 $2/m$ Monoclinic

No. 14 $P12_1/c1$ Patterson symmetry $P12/m1$

UNIQUE AXIS b, CELL CHOICE 1

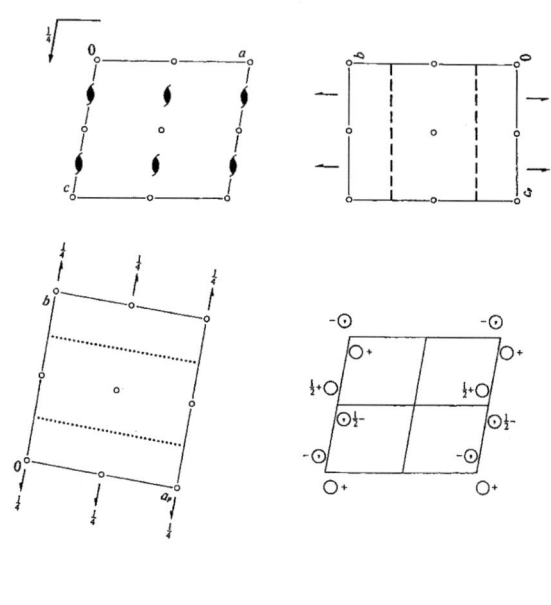

Origin at $\bar{1}$

Asymmetric unit $0 \leq x \leq 1$; $0 \leq y \leq \frac{1}{4}$; $0 \leq z \leq 1$

Symmetry operations

(1) 1   (2) $2(0,\frac{1}{2},0)$ $0,y,\frac{1}{4}$ (3) $\bar{1}$ $0,0,0$ (4) c $x,\frac{1}{4},z$

図 3.20 空間群

回転軸で分子が向き合う構造となる．分子が双極子を持つ場合には，双極子が向き合うため，反発が大きくなるであろう．それに対して，2回らせん軸を持つ $P2_1$ の空間群では，2回らせん軸方向に 180°回転して回転軸方向に半周期ずれて重なるため，双極子-双極子相互作用によって安定化するであろう．また分子の詰まり具合もよくなり，隙間の少ない安定な構造になると予想される．同様に鏡面よりも映進面を持つ空間群の方が安定であろうと予想される．

このような様々な理由によって，現実に存在する空間群は対称心を持つ空間群では $P2_1/c$ が，対称心を持たない空間群では $P2_12_12_1$ が最もよく出現す

3.9 空間群の実例

CONTINUED No. 14 $P2_1/c$

Generators selected (1); $t(1,0,0)$; $t(0,1,0)$; $t(0,0,1)$; (2); (3)

Positions

Multiplicity,
Wyckoff letter,
Site symmetry

Multiplicity, Wyckoff letter, Site symmetry		Coordinates				Reflection conditions
4	e	1	(1) x,y,z (2) $\bar{x}, y+\frac{1}{2}, \bar{z}+\frac{1}{2}$ (3) $\bar{x},\bar{y},\bar{z}$ (4) $x,\bar{y}+\frac{1}{2}, z+\frac{1}{2}$			General: $h0l: l=2n$ / $0k0: k=2n$ / $00l: l=2n$
						Special: as above, plus
2	d	$\bar{1}$	$\frac{1}{2},0,\frac{1}{2}$	$\frac{1}{2},\frac{1}{2},0$		$hkl: k+l=2n$
2	c	$\bar{1}$	$0,0,\frac{1}{2}$	$0,\frac{1}{2},0$		$hkl: k+l=2n$
2	b	$\bar{1}$	$\frac{1}{2},0,0$	$\frac{1}{2},\frac{1}{2},\frac{1}{2}$		$hkl: k+l=2n$
2	a	$\bar{1}$	$0,0,0$	$0,\frac{1}{2},\frac{1}{2}$		$hkl: k+l=2n$

Symmetry of special projections

Along [001] $p2gm$ Along [100] $p2gg$ Along [010] $p2$
$\mathbf{a'}=\mathbf{a}_p$ $\mathbf{b'}=\mathbf{b}$ $\mathbf{a'}=\mathbf{b}$ $\mathbf{b'}=\mathbf{c}_p$ $\mathbf{a'}=\frac{1}{2}\mathbf{c}$ $\mathbf{b'}=\mathbf{a}$
Origin at $0,0,z$ Origin at $x,0,0$ Origin at $0,y,0$

Maximal non-isomorphic subgroups
I   [2] $P1c1 (Pc, 7)$ 1; 4
        [2] $P12_11 (P2_1, 4)$ 1; 2
        [2] $P\bar{1} (2)$ 1; 3
IIa   none
IIb   none

Maximal isomorphic subgroups of lowest index
IIc   [2] $P12_1/c1$ ($\mathbf{a'}=2\mathbf{a}$ or $\mathbf{a'}=2\mathbf{a}, \mathbf{c'}=2\mathbf{a}+\mathbf{c}$) $(P2_1/c, 14)$; [3] $P12_1/c1$ ($\mathbf{b'}=3\mathbf{b}$) $(P2_1/c, 14)$

Minimal non-isomorphic supergroups
I   [2] $Pnna$ (52); [2] $Pmna$ (53); [2] $Pcca$ (54); [2] $Pbam$ (55); [2] $Pccn$ (56); [2] $Pbcm$ (57); [2] $Pnnm$ (58); [2] $Pbcn$ (60); [2] $Pbca$ (61); [2] $Pnma$ (62); [2] $Cmce$ (64)
II [2] $A12/m1$ $(C2/m, 12)$; [2] $C12/c1$ $(C2/c, 15)$; [2] $I12/c1$ $(C2/c, 15)$; [2] $P12_1/m1$ ($\mathbf{c'}=\frac{1}{2}\mathbf{c}$) $(P2_1/m, 11)$; [2] $P12/c1$ ($\mathbf{b'}=\frac{1}{2}\mathbf{b}$) $(P2/c, 13)$

$P2_1/c$ の記述法

る.そこでこの 2 つの空間群について説明しよう.『International Tables for Crystallography Vol. A』には 230 の全空間群について説明されているが,図 3.20 には $P2_1/c$ の図が描かれている.まず C_{2h}^5 はシェーンフリースの記号で,$2/m$ は後に述べるラウエ群を表している.$P12_1/c1$ は,a 軸方向には 1 の対称,b 軸方向に 2_1 らせん軸とそれに垂直に c 映進面対称があり,c 軸方向には 1 の対称であることを意味している.パターソン(Patterson)関数(4.2 節参照)は並進操作の区別がなくなるので,$2_1/c$ は $2/m$ の対称となる.左上の図は b 軸を上向きにした単位胞の対称の位置関係で,対称心と 2 回らせん

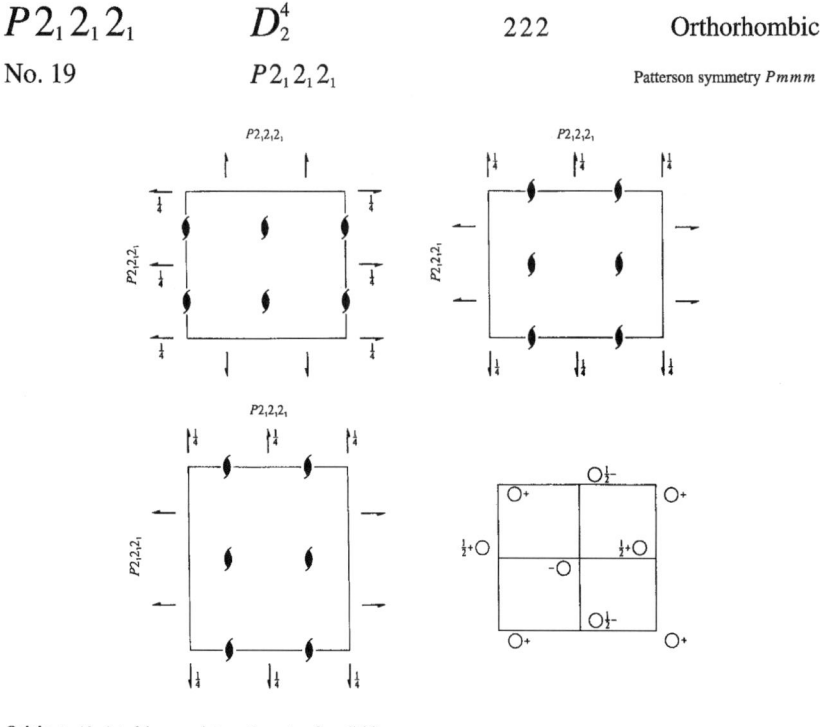

$P2_12_12_1$ D_2^4 222   Orthorhombic

No. 19 $P2_12_12_1$ Patterson symmetry $Pmmm$

Origin at midpoint of three non-intersecting pairs of parallel 2_1 axes

Asymmetric unit $0 \le x \le \frac{1}{2}$; $0 \le y \le \frac{1}{2}$; $0 \le z \le 1$

Symmetry operations

(1) 1   (2) $2(0,0,\frac{1}{2})$ $\frac{1}{4},0,z$ (3) $2(0,\frac{1}{2},0)$ $0,y,\frac{1}{4}$ (4) $2(\frac{1}{2},0,0)$ $x,\frac{1}{4},0$

図 3.21　空間群

軸が交互に c 軸方向に並んでいる．左上の折れ曲がった矢印と 1/4 の記号は，映進面が紙面に平行で，b 軸方向 $y = 1/4$ のところに c 映進面対称があることを表している．

　右上の図は a 軸を上向きにした図で，破線は映進面対称で破線に沿って半周期進むことを表し，矢尻が半分の矢印は 2_1 らせん軸を表している．なお c 軸に c_p と描かれている理由は，c 軸の長さは紙面に投影した長さ，すなわち $c\sin\beta$ であることを示している．左下の図は c 軸を上向きにした図で，らせ

3.9 空間群の実例

CONTINUED   No. 19 $P2_12_12_1$

Generators selected   (1); $t(1,0,0)$; $t(0,1,0)$; $t(0,0,1)$; (2); (3)

Positions

Multiplicity, Coordinates   Reflection conditions
Wyckoff letter,
Site symmetry   General:

4   a 1   (1) x,y,z (2) $\bar{x}+\frac{1}{2},\bar{y},z+\frac{1}{2}$ (3) $\bar{x},y+\frac{1}{2},\bar{z}+\frac{1}{2}$ (4) $x+\frac{1}{2},\bar{y}+\frac{1}{2},\bar{z}$ $h00: h=2n$
                                                                                       $0k0: k=2n$
                                                                                       $00l: l=2n$

Symmetry of special projections
Along [001] $p2gg$ Along [100] $p2gg$ Along [010] $p2gg$
$\mathbf{a}' = \mathbf{a}$ $\mathbf{b}' = \mathbf{b}$ $\mathbf{a}' = \mathbf{b}$ $\mathbf{b}' = \mathbf{c}$ $\mathbf{a}' = \mathbf{c}$ $\mathbf{b}' = \mathbf{a}$
Origin at $\frac{1}{4},0,z$ Origin at $x,\frac{1}{4},0$ Origin at $0,y,\frac{1}{4}$

Maximal non-isomorphic subgroups
I   [2]$P112_1(P2_1,4)$ 1; 2
         [2]$P12_11(P2_1,4)$ 1; 3
         [2]$P2_111(P2_1,4)$ 1; 4
IIa   none
IIb   none

Maximal isomorphic subgroups of lowest index
IIc   [3]$P2_12_12_1$ ($\mathbf{a}'=3\mathbf{a}$ or $\mathbf{b}'=3\mathbf{b}$ or $\mathbf{c}'=3\mathbf{c}$) (19)

Minimal non-isomorphic supergroups
I   [2]$Pbca$(61); [2]$Pnma$(62); [2]$P4_22_12$(92); [2]$P4_22_12$(96); [3]$P2_13$(198)
II   [2]$A2_122$($C222_1$, 20); [2]$B2_22$($C222_1$, 20); [2]$C222_1$ (20); [2]$I2_12_12_1$ (24); [2]$P22_12_1$ ($\mathbf{a}' = \frac{1}{2}\mathbf{a}$) ($P2_12_12$, 18);
         [2]$P2_122_1$ ($\mathbf{b}' = \frac{1}{2}\mathbf{b}$) ($P2_12_12$, 18); [2]$P2_12_12$ ($\mathbf{c}' = \frac{1}{2}\mathbf{c}$) (18)

$P2_12_12_1$ の記述法

ん軸の横に書かれた $1/4$ は，らせん軸が c 軸方向 $z=1/4$ のところにあることを表している。点線は映進面対称で点線に垂直に半周期進むことを表している。右下の図は，b 軸方向から見た図(左上と同じ)の原点の近くに白丸の物体あるいは原子(＋の記号)を置いたとき，対称操作でどのように移るかを示している。白丸の物体は$(+x,+y,+z)$の位置にある。まず対称心で$(-x,-y,-z)$に移る。対称心で反転していることを示すために，が付けられている。$z=1/4$ のところにある 2_1 らせん軸で$(-x,1/2+y,1/2-z)$に移る。また，

c 映進面で $(x, 1/2 - y, 1/2 + z)$ に移る．この場合も鏡面で反転しているので，が付けられている．この4点を1周期並進した点も描かれている．

　右のページには，対称で移る等価位置の座標が書かれている．等価位置は左ページの図で示した4点であり，その座標が与えられている．対称要素上に原子があると等価位置が2点になる場合もある．そのときは d, c, b, a の4つのいずれかである．この空間群で，ある原子が2個しかないときは d, c, b, a のどれかの座標である．右の欄には消滅則(p.71参照)が書かれている．その他の記号については原典を参照してほしい．

　次に $P2_1 2_1 2_1$ について説明しよう．図3.21にその図を示している．左のページは3軸方向から見た対称の組み合わせと，単位胞の中に物体を白丸で置いたとき，どのように対称で移るかを示している．3軸いずれの方向にもある 2_1 らせん軸は，1/4ずれていてお互いに交わらない．右のページにはそのときの4つの等価位置の座標とこの空間群の消滅則を示している．この図を見れば，対称要素がどのように配置しているか，等価位置がどこにあるかを簡単に知ることができる．

　なお空間群で誤解されやすい点は，対称心を持たない空間群と不斉な空間群とは別の概念だということである．たとえば Pm という空間群は鏡面しか持たないので対称心を持っていない．しかし鏡面を持つので，右手系の物質があれば必ず左手系の物質を持つ．したがって右手系あるいは左手系だけの物質のみを含む不斉な空間群ではない．映進面を持つ空間群も同様である．したがって不斉な空間群とは回転軸やらせん軸の組み合わせだけで作られた空間群ということになる．

　分子が不斉を持ち，そのうちの一方の不斉の分子のみを含む結晶は必ず不斉な空間群になる．たとえば天然有機化合物の結晶の場合である．ほとんどが $P2_1$ か $P2_1 2_1 2_1$ の空間群である．しかし，分子が不斉を持たない場合やラセミ体の場合でも不斉な空間群に結晶化する場合もあることに注意しなければならない．つまり分子の詰まり方に不斉が存在することが不斉な空間群の条件なのである．

3.10 空間群の判定

結晶構造を解析するには,まず230の空間群のうちのどの空間群に属するかを決定しなければならない.この空間群の決定を困難にする大きな要因は,実験的に得られる回折強度は構造因子の2乗に比例するということである.

$$I(h\,k\,l) \propto |F(h\,k\,l)|^2 = F(h\,k\,l) \times F^*(h\,k\,l) \qquad (3.3)$$

ここで,$F^*(h\,k\,l)$は$F(h\,k\,l)$の複素共役であるので,$F(\bar{h}\,\bar{k}\,\bar{l})$に等しい.したがって,次の式が成り立つ.

$$I(h\,k\,l) = I(\bar{h}\,\bar{k}\,\bar{l}) \qquad (3.4)$$

この式を**フリーデル則**(Friedel's law)といって,$(h\,k\,l)$面からの回折強度もその裏の面$(\bar{h}\,\bar{k}\,\bar{l})$面からの回折強度も同じなのである.このことから,$P1$と$P\bar{1}$のように対称心を持つ空間群であるのか,対称心を持たない空間群であるのかという区別はつかなくなる.また$h\,k\,l$の代わりに$x\,y\,z$の変数を$\bar{x}\,\bar{y}\,\bar{z}$にしても複素共役になるので,結晶軸の正方向と負方向も区別がつかなくなる.そのため空間群を一義的に判定することは難しいが,いくつかの可能性に絞ることはできる.最終的には,絞られた空間群のうちから合理的な構造が得られたものが正しい.

3.10.1 ラウエ対称の判定

結晶の対称は点群対称からなっているが,回折強度は構造因子の2乗で,対称心の対称が生じるので,回折斑点の対称は点群に対称心を加味した対称群に分けられる.これを**ラウエ群**(Laue group)といって,表3.6に示すように14種ある.まず結晶からの回折強度がどの対称性を示しているか調べることで,どのラウエ対称に属しているかを決めることができる.三斜晶系,単斜晶系,直方晶系はそれぞれ1つのラウエ対称しか存在しないが,正方晶系以上では2つ以上のラウエ対称がある.たとえば正方晶系では,$4/m$と$4/m\,m\,m$がある.$4/m$は4回軸とそれに垂直な鏡面を持つが,$4/m\,m\,m$では$4/m$の他に,4回軸を含んでお互いに45°の角度をなす鏡面がある.そのため,$I(h\,k\,l) = I(k\,\bar{h}\,l)$という4回軸の対称の他に,$I(h\,k\,l) = I(k\,h\,l)$という対称が生じるのである.

表 3.6 14 種のラウエ群の等価な回折

晶系	点群	ラウエ群	等価点の数	等価な回折点の組み合わせ
三斜	$1, \bar{1}$	$\bar{1}$	2	$h, k, l = \bar{h}, \bar{k}, \bar{l}$
単斜	$2, m, 2/m$	$2/m$	4	$h, k, l = h, \bar{k}, l = \bar{h}, k, \bar{l} = \bar{h}, \bar{k}, \bar{l}$
直方	$222, mm2, mmm$	mmm	8	$h, k, l = \bar{h}, k, l = h, \bar{k}, l = h, k, \bar{l} = \bar{h}, \bar{k}, l =$ $\bar{h}, k, \bar{l} = h, \bar{k}, \bar{l} = \bar{h}, \bar{k}, \bar{l}$
正方	$4, \bar{4}, 4/m$	$4/m$	8	$h, k, l = \bar{h}, \bar{k}, l = \bar{k}, h, l = k, \bar{h}, l = \bar{h}, \bar{k}, \bar{l} = k, h, \bar{l} = \bar{k}, h, \bar{l}$
正方	$422, 4mm$ $\bar{4}2m, 4/mmm$	$4/mmm$	16	$4/m$ のほかに, $h, k, l = k, h, l = \bar{k}, \bar{h}, l = k, h, \bar{l} =$ $\bar{k}, \bar{h}, \bar{l} = \bar{h}, k, l = h, \bar{k}, l = \bar{h}, k, \bar{l} = h, \bar{k}, \bar{l}$
三方 (菱面体)	$3, \bar{3}$	$\bar{3}$	6	$h, k, l = k, l, h = l, h, k = \bar{h}, \bar{k}, \bar{l} = \bar{k}, \bar{l}, \bar{h} =$ $\bar{l}, \bar{h}, \bar{k}$
三方 (菱面体)	$32, 3m, \bar{3}m$	$\bar{3}m$	12	$h, k, l = k, l, h = l, h, k = \bar{h}, \bar{k}, \bar{l} = \bar{k}, \bar{l}, \bar{h} =$ $\bar{l}, \bar{h}, \bar{k} = k, h, l = h, l, k = l, k, h = \bar{k}, \bar{h}, \bar{l} =$ $\bar{h}, \bar{l}, \bar{k} = \bar{l}, \bar{k}, \bar{h}$
三方 (六方)	$3, \bar{3}$	$\bar{3}$	6	$h, k, l = k, i, l = i, h, l = \bar{h}, \bar{k}, \bar{l} = \bar{k}, \bar{i}, \bar{l} =$ $\bar{i}, \bar{h}, \bar{l}$
三方 (六方)	$321, 3m1, \bar{3}m1$	$\bar{3}m1$	12	$h, k, l = k, i, l = i, h, l = \bar{h}, \bar{k}, \bar{l} = \bar{k}, \bar{i}, \bar{l} =$ $\bar{i}, \bar{h}, \bar{l} = k, h, \bar{l} = h, i, \bar{l} = i, k, \bar{l} = \bar{k}, \bar{h}, l =$ $\bar{h}, \bar{i}, l = \bar{i}, \bar{k}, l$
三方 (六方)	$312, 31m, \bar{3}1m$	$\bar{3}1m$	12	$h, k, l = k, i, l = i, h, l = \bar{h}, \bar{k}, \bar{l} = \bar{k}, \bar{i}, \bar{l} =$ $\bar{i}, \bar{h}, \bar{l} = k, h, l = h, i, l = i, k, l = \bar{k}, \bar{h}, \bar{l} =$ $\bar{h}, \bar{i}, \bar{l} = \bar{i}, \bar{k}, \bar{l}$
六方	$6, \bar{6}, 6/m$	$6/m$	12	$h, k, l = k, i, l = i, h, l = \bar{h}, \bar{k}, l = \bar{k}, \bar{i}, l =$ $\bar{i}, \bar{h}, l = h, k, \bar{l} = k, i, \bar{l} = i, h, \bar{l} = \bar{h}, \bar{k}, \bar{l} =$ $\bar{k}, \bar{i}, \bar{l} = \bar{i}, \bar{h}, \bar{l}$
六方	$622, 6mm,$ $\bar{6}m2, 6/mmm$	$6/mmm$	24	$6/m$ のほかに, $h, k, l = k, h, l = h, i, l = i, k, l =$ $\bar{k}, \bar{h}, l = \bar{h}, \bar{i}, l = \bar{i}, \bar{k}, l = k, h, \bar{l} = h, i, \bar{l} = i, k, \bar{l} =$ $\bar{k}, \bar{h}, \bar{l} = \bar{h}, \bar{i}, \bar{l} = \bar{i}, \bar{k}, \bar{l}$
立方	$23, m3$	$m3$	24	$h, k, l = \bar{h}, k, l = h, \bar{k}, l = h, k, \bar{l} = \bar{h}, \bar{k}, \bar{l} =$ $\bar{h}, k, \bar{l} = \bar{h}, \bar{k}, l = h, \bar{k}, \bar{l} = k, l, h = k, l, h =$ $k, \bar{l}, h = k, l, \bar{h} = \bar{k}, \bar{l}, \bar{h} = \bar{k}, l, \bar{h} = \bar{k}, \bar{l}, h =$ $\bar{k}, \bar{l}, \bar{h} = l, h, k = \bar{l}, h, k = l, \bar{h}, k = l, h, \bar{k} =$ $l, \bar{h}, \bar{k} = \bar{l}, h, \bar{k} = \bar{l}, \bar{h}, k = \bar{l}, \bar{h}, \bar{k}$
立方	$432, \bar{4}3m, m\bar{3}m$	$m\bar{3}m$	48	$m3$ のほかに, $h, k, l = k, h, l = \bar{k}, h, l = k, \bar{h}, l =$ $k, h, \bar{l} = k, \bar{h}, \bar{l} = \bar{k}, h, \bar{l} = \bar{k}, \bar{h}, l = h, l, k =$ $\bar{h}, l, k = h, \bar{l}, k = h, l, \bar{k} = \bar{h}, \bar{l}, \bar{k} = \bar{h}, l, \bar{k} = \bar{h}, \bar{l}, k =$ $\bar{h}, \bar{l}, k = \bar{h}, \bar{l}, \bar{k} = l, k, h = \bar{l}, k, h = l, \bar{k}, h = l, \bar{k}, h =$ $l, k, \bar{h} = l, \bar{k}, \bar{h} = \bar{l}, k, \bar{h} = \bar{l}, \bar{k}, h = \bar{l}, \bar{k}, \bar{h}$

指数 hkl はその指数の回折強度 $I(hkl)$ を表す. 三方, 六方では, $i = -h - k$ を表す.

単斜晶系か直方晶系かという区別はこのラウエ対称で決まるので，たとえ単位胞の角度 β が $90°$ という場合でも回折強度の対称が $2/m$ なら単斜晶系であり，$m\,m\,m$ なら直方晶系である．

3.10.2 空間格子の判定

空間格子が単純格子の場合はすべての回折強度が何らかの値を持つが，複合格子の場合は規則的に強度がゼロとなって観測できなくなる．これを**消滅則** (extinction rule) といって，空間格子の判定に利用できる．空間格子が C 底心格子の場合は，(x, y, z) に原子があると，$(x + 1/2, y + 1/2, z)$ にも原子が存在する．そうすると，構造因子は次式のように表せる．

$$\begin{aligned}
F(h\,k\,l) &= \sum_{j=1}^{n} f_j \exp\{2\pi i (hx_j + ky_j + lz_j)\} \\
&= \sum_{j=1}^{n/2} f_j \Big[\exp\{2\pi i (hx_j + ky_j + lz_j)\} \\
&\quad + \exp\left\{2\pi i \left(hx_j + ky_j + lz_j + \frac{h+k}{2}\right)\right\} \Big] \\
&= \sum_{j=1}^{n/2} f_j \exp\{2\pi i (hx_j + ky_j + lz_j)\} \{1 + \exp \pi i (h+k)\}
\end{aligned} \tag{3.5}$$

ここで，$\exp \pi i (h+k)$ は $h+k$ が奇数のとき -1 となり，偶数のとき $+1$ となるから，

$$\left. \begin{aligned}
F(h\,k\,l) &= 2 \sum_{j=1}^{n/2} f_j \exp\{2\pi i (hx_j + ky_j + lz_j)\} & h+k &= 2n \\
F(h\,k\,l) &= 0 & h+k &= 2n+1
\end{aligned} \right\} \tag{3.6}$$

となる．$I(h\,k\,l) \propto |F(h\,k\,l)|^2$ だから，$h+k$ が奇数の回折斑点は消滅する．

体心格子では，(x, y, z) に原子が存在すると，$(x + 1/2, y + 1/2, z + 1/2)$ にも必ず原子が存在する．そこで同様に構造因子を計算すると，

$$\begin{aligned}
F(h\,k\,l) &= \sum_{j=1}^{n} f_j \exp\{2\pi i (hx_j + ky_j + lz_j)\} \\
&= \sum_{j=1}^{n/2} f_j \Big[\exp\{2\pi i (hx_j + ky_j + lz_j)\}
\end{aligned}$$

$$+ \exp\left\{2\pi i\left(hx_j + ky_j + lz_j + \frac{h+k+l}{2}\right)\right\}\bigg]$$

$$= \sum_{j=1}^{n/2} f_j \exp\{2\pi i(hx_j + ky_j + lz_j)\}\{1 + \exp\pi i(h+k+l)\} \tag{3.7}$$

となる．$\exp\pi i(h+k+l)$ は $h+k+l$ が奇数のとき -1 となり，偶数のとき $+1$ となるから，

$$\left.\begin{aligned} F(h\,k\,l) &= 2\sum_{j=1}^{n/2} f_j \exp\{2\pi i(hx_j + ky_j + lz_j)\} & h+k+l &= 2n \\ F(h\,k\,l) &= 0 & h+k+l &= 2n+1 \end{aligned}\right\} \tag{3.8}$$

となる．

面心格子の場合も同様である．この場合は (x, y, z) に原子があると，$(x, y+1/2, z+1/2)$ と $(x+1/2, y, z+1/2)$ と $(x+1/2, y+1/2, z)$ のどれにも原子がある．すると，

$$\begin{aligned} F(h\,k\,l) &= \sum_{j=1}^{n} f_j \exp\{2\pi i(hx_j + ky_j + lz_j)\} \\ &= \sum_{j=1}^{n/4} f_j \bigg[\exp\{2\pi i(hx_j + ky_j + lz_j)\} \\ &\quad + \exp\left\{2\pi i\left(hx_j + ky_j + lz_j + \frac{k+l}{2}\right)\right\} \\ &\quad + \exp\left\{2\pi i\left(hx_j + ky_j + lz_j + \frac{h+l}{2}\right)\right\} \\ &\quad + \exp\left\{2\pi i\left(hx_j + ky_j + lz_j + \frac{h+k}{2}\right)\right\}\bigg] \end{aligned} \tag{3.9}$$

$$\begin{aligned} &= \sum_{j=1}^{n/4} f_j \exp\{2\pi i(hx_j + ky_j + lz_j)\}\{1 + \exp\pi i(k+l) \\ &\quad + \exp\pi i(h+l) + \exp\pi i(h+k)\} \end{aligned} \tag{3.10}$$

となる．この式で，h, k, l が全部偶数か全部奇数のとき，最後の $\{\ \}$ の項は 4 となり，その他の場合はゼロとなる．そこで，

3.10 空間群の判定

表 3.7 複合格子の消滅則

空間格子	消滅則
P	全部出現
A	$k + l \neq 2n$
B	$h + l \neq 2n$
C	$h + k \neq 2n$
I	$h + k + l \neq 2n$
F	h, k, l(全部) $\neq 2n$ または h, k, l(全部) $\neq 2n+1$

$$\left.\begin{array}{l} F(h\,k\,l) = 4\sum_{j=1}^{n/4} f_j \exp\{2\pi i(hx_j + ky_j + lz_j)\} \\ \qquad\qquad \text{すべての } h,\ k,\ l \text{ が } 2n \text{ あるいは } 2n+1 \text{ のとき} \\ F(h\,k\,l) = 0 \qquad\qquad \text{それ以外のとき} \end{array}\right\} \quad (3.11)$$

となる.このようにして,空間格子は簡単に判定することができる.空間格子による消滅則は $h,\ k,\ l$ すべての指数に関係するので,逆格子空間全体に拡がった消滅則である.これらを表 3.7 にまとめる.

3.10.3 らせん軸と映進面の判定

らせん軸や映進面の対称要素のように,並進の操作を含む場合にも消滅則が現れる.たとえば原点を通って b 軸に平行に 2_1 らせん軸があるときは,(x, y, z) に原子があると $(-x, y + 1/2, -z)$ にも原子がある.そうすると,

$$\begin{aligned} F(h\,k\,l) &= \sum_{j=1}^{n} f_j \exp\{2\pi i(hx_j + ky_j + lz_j)\} \\ &= \sum_{j=1}^{n/2} f_j \Big[\exp\{2\pi i(hx_j + ky_j + lz_j)\} \\ &\qquad + \exp\Big\{2\pi i\Big(-hx_j + ky_j - lz_j + \frac{k}{2}\Big)\Big\} \Big] \end{aligned} \quad (3.12)$$

このままでは消滅する指数はみられないが,h と l がゼロのときは,

$$\begin{aligned} F(0\,k\,0) &= \sum_{j=1}^{n/2} f_j \Big[\exp(2\pi i k y_j) + \exp\Big\{2\pi i\Big(ky_j + \frac{k}{2}\Big)\Big\} \Big] \\ &= \sum_{j=1}^{n/2} f_j \exp(2\pi i k y_j)\{1 + \exp(\pi i k)\} \end{aligned} \quad (3.13)$$

となる．そうすると，

$$
\left.\begin{array}{ll}
\mathrm{F}(0\,k\,0) = 2\sum_{j=1}^{n/2} f_j \exp(2\pi i k y_j) & k = 2n \\
\mathrm{F}(0\,k\,0) = 0 & k = 2n+1
\end{array}\right\} \quad (3.14)
$$

となる．このように 2_1 らせん軸があると，らせん軸方向の指数が奇数のものは消滅する．3回らせん軸，4回らせん軸，6回らせん軸については表3.8に掲載してある．

映進面についても消滅則がある．b 軸に垂直に c 映進面があると，(x,y,z) に原子があれば，$(x,-y,z+1/2)$ にも原子がある．そうすると，

$$
\begin{aligned}
\mathrm{F}(h\,k\,l) &= \sum_{j=1}^{n} f_j \exp\{2\pi i(hx_j + ky_j + lz_j)\} \\
&= \sum_{j=1}^{n/2} f_j \Big[\exp\{2\pi i(hx_j + ky_j + lz_j)\} \\
&\quad + \exp\Big\{2\pi i\Big(hx_j - ky_j + lz_j + \frac{l}{2}\Big)\Big\}\Big] \quad (3.15)
\end{aligned}
$$

となる．一般的には消滅則は考えられないが，$k=0$ のときは，

$$
\begin{aligned}
\mathrm{F}(h\,0\,l) &= \sum_{j=1}^{n/2} f_j \Big[\exp\{2\pi i(hx_j + lz_j)\} + \exp\Big\{2\pi i\Big(hx_j + lz_j + \frac{l}{2}\Big)\Big\}\Big] \\
&= \sum_{j=1}^{n/2} f_j \exp\{2\pi i(hx_j + lz_j)\}\{1 + \exp(\pi i l)\} \quad (3.16)
\end{aligned}
$$

なので，したがって，

$$
\left.\begin{array}{ll}
\mathrm{F}(h\,0\,l) = 2\sum_{j=1}^{n/2} f_j \exp\{2\pi i(hx_j + lz_j)\} & l = 2n \\
\mathrm{F}(h\,0\,l) = 0 & l = 2n+1
\end{array}\right\} \quad (3.17)
$$

表3.8 らせん軸の消滅則

らせんの方向	a 軸に平行	b 軸に平行	c 軸に平行
注目する指数	$h\,0\,0$	$0\,k\,0$	$0\,0\,l$
$2_1, 4_2, 6_3$	$h \neq 2n$	$k \neq 2n$	$l \neq 2n$
$3_1, 3_2, 6_2, 6_4$			$l \neq 3n$
$4_1, 4_3$	$h \neq 4n$	$k \neq 4n$	$l \neq 4n$
$6_1, 6_5$			$l \neq 6n$

3.10 空間群の判定

表 3.9 映進面の消滅則

映進面の方向	a 軸に垂直	b 軸に垂直	c 軸に垂直
注目する指数	$0\,k\,l$	$h\,0\,l$	$h\,k\,0$
a 映進面		$h \neq 2n$	$h \neq 2n$
b 映進面	$k \neq 2n$		$k \neq 3n$
c 映進面	$l \neq 2n$	$l \neq 2n$	
n 映進面	$k+l \neq 2n$	$h+l \neq 2n$	$h+k \neq 2n$
d 映進面	$k+l \neq 4n$ $h+k+l \neq 4n\,(1\,1\,1)$方向	$h+l \neq 4n$	$h+k \neq 4n$

となる．このように，映進面対称では，映進面に垂直な軸方向の指数がゼロで，並進する軸方向の指数が奇数の場合は消滅する．a, b, c, n, d 映進面の消滅則については表 3.9 に示してある．

3.10.4 空間群の判定—単斜晶系の例

回転軸や回反軸対称については，残念ながら消滅則はない．このために，すべての空間群は一義的には決められない．単斜晶系の例で空間群を判定する方法を述べてみよう．まず回折斑点の指数を決められたとする．次に単斜晶系かどうかはラウエ対称が $2/m$ であるかどうかで判別できる．すなわち $\mathrm{I}(h\,k\,l) = \mathrm{I}(h\,\bar{k}\,l) = \mathrm{I}(\bar{h}\,k\,\bar{l}) = \mathrm{I}(\bar{h}\,\bar{k}\,\bar{l})$ となり，k の正負に対して対称的な強度を与える．次に空間格子を区別する．単斜晶系では単純格子 P か C 底心格子である．$h+k$ が奇数の回折強度がゼロならば C 底心格子である．ただしこの指数の回折強度のいくつかがゼロというのではなく，この指数の回折強度がすべてゼロでなくてはならない．

次にらせん軸対称を調べてみる．$\mathrm{I}(0\,k\,0)$ で k が奇数の回折強度がすべてゼロなら，b 軸に平行に 2_1 軸がある．さらに映進面対称を調べてみる．$\mathrm{I}(h\,0\,l)$ で l が奇数の回折強度がすべてゼロなら，b 軸に垂直に c 映進面がある．これらの消滅則の有無で，単斜晶系の 13 種の空間群は次の 6 種に区別できる．

（1）消滅則がまったくみられない： $P2$, Pm, $P2/m$

（2）2 回らせん軸の消滅則のみ： $P2_1$, $P2_1/m$

（3）c 映進面の消滅則のみ： Pc, $P2/c$

（4）2回らせん軸とc映進面の消滅則： $P2_1/c$
（5）底心格子の消滅則のみ： $C2$, Cm, $C2/m$
（6）底心格子とc映進面の消滅則： Cc, $C2/c$

ここで消滅則が重なる場合があることに注意しよう．たとえばC底心格子は$h+k$で$2n+1$が消滅するが，b軸方向の2回らせん軸の消滅則は$I(0\,k\,0)$で$k=2n+1$であるから，C底心格子では必ず2_1らせん軸が存在することになる．この場合は常に空間格子の消滅則を優先して考えればよい．

各グループの中の空間群の違いは回転軸か回反軸かの違いや対称心の有無であるので，消滅則では区別できない．しかし4.1節で述べるが，回折強度の統計的な分布から対称心の有無を判別できる場合が多い．その結果，（1）の$P2$とPm，（5）の$C2$とCmの区別を除けば空間群を判別することができる．さらに（1）はほとんど出現しない空間群であり，（5）ではCmの空間群もほとんど出現しないので，単斜晶系では空間群を一義的に判別できるといってもよい．しかし明確に判別できないときは，可能な空間群を仮定して解析を進めて，正解の構造として得られた空間群が正しいと判定すればよい．ここで，（4）の$P2_1/c$の空間群は最も出現頻度が高く，また消滅則から一義的に判定できるという利点がある．他の晶系についても，消滅則から空間群を判別することができる．消滅則の判定が正しければ，空間群の判定は論理的に進めることができるので，現在の自動解析のプログラムを使えば容易に可能な空間群の判定を行ってくれる．しかし，第5章で述べるように，消滅則が必ずしも正しく判定されていない場合があるので，解析が難航したら空間群の判定を見直してみることは大切である．このとき，3.9節で述べたように『International Tables for Crystallography Vol. A』を参照する．とくにらせん軸の有無の判定は，少数の回折点が消えるかどうかで決められるので，何らかの別の要因で消えるべき回折点が消えないためにらせん軸が存在しないと判定される恐れがある．

演 習 問 題

[1] 回転軸と鏡面はどのような角度で交われば点群対称を満足できるか．

[2] らせん軸 p_q の定義は $2\pi/p$ だけ回転して回転軸方向に q/p 並進することである．そうすると，3_2 らせん軸は $120°$ だけ右まわりで回転してらせん軸方向に 2/3 並進する．このようにすると，左まわりの 3_1 らせん軸と同じになることを説明せよ．

[3] 6_2 らせん軸と 6_3 らせん軸を図で示して，これらが 3_1 らせん軸や 2_1 らせん軸と異なることを説明せよ．

註：「斜方晶系」を「直方晶系」に訂正

2014 年 11 月に開かれた日本結晶学会の総会において，7 つの晶系のうちの「斜方晶系」の呼称について，「Orthorhombic の訳語を直方晶系（斜方晶系）とする」と決議された．いきなり変更すると各方面で混乱が生じる恐れがあるので，括弧内に旧呼称を付けて当面は両方の呼称を使えるものとした．それから 10 年近く経過したので，本書では 2024 年 8 月増刷の第 5 版 1 刷より「直方晶系」に統一した．この変更の理由や経緯については次の文献に詳記してある．

　大橋裕二：日本結晶学会誌，57 巻，133 ページ（2015）．

第4章 構造解析―位相決定の方法

前節で述べたように，単位胞内の任意の点(x, y, z)の電子密度は，

$$\rho(x, y, z) = \frac{1}{V} \sum_{-\infty}^{+\infty} \sum_{-\infty}^{+\infty} \sum_{-\infty}^{+\infty} F(h\,k\,l) \exp\{-2\pi i(hx + ky + lz)\} \quad (4.1)$$

と表せる．回折強度$I(h\,k\,l)$から$|F(h\,k\,l)|$が求められる．$F(h\,k\,l)$は図4.1で表されるように，

$$F(h\,k\,l) = |F(h\,k\,l)| \exp\{i\varphi(h\,k\,l)\} \quad (4.2)$$

であるから，何らかの手段で各構造因子の位相$\varphi(h\,k\,l)$を求めないと，(4.1)式から電子密度を計算することができない．このことを**位相問題**(phase problem)と言って，X線構造解析の本質的な難問であり，現在でも完全な解は得られていない．そのため，理想的な回折強度データが測定できたとしても構造解析に成功するという保証はない．しかしこれまでにいくつかの有力な方法が

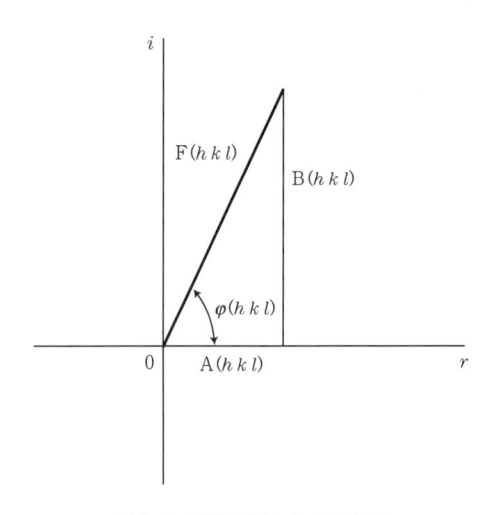

図4.1　構造因子とその位相角

提案されてきて，通常の結晶であればほぼ解析に成功するようになった．本章ではその有力な方法について述べる．

4.1 直接法

第2章で述べたように，

$$\mathrm{F}(h\,k\,l) = \sum_{j=1}^{n} f_j \exp\{2\pi i(hx_j + ky_j + lz_j)\} \qquad (4.3)$$

である．水素以外の原子30個程度からなる分子を含む結晶の場合，X線を照射すると約10000程度の回折強度$\mathrm{I}(h\,k\,l)$が観測される．このことは30個の原子のx_j, y_j, z_jの座標を決めることであるから，90個の独立な変数に対して10000個の$\mathrm{F}(h\,k\,l)$が存在することになる．このことから，(10000 − 90)個の$\mathrm{F}(h\,k\,l)$は独立ではなく，お互いに何らかの関係が存在するはずである．この関係式をうまく使えば，$\mathrm{F}(h\,k\,l)$を直接求めることができるのではないかと推論できる．$|\mathrm{F}(h\,k\,l)|$は実験で得られるのだから，(4.3)式から得られる位相$\varphi(h\,k\,l)$の間に何らかの関係式があり，この関係式からそれぞれの位相を直接求められるのではないかと予想できる．これが**直接法**(direct method)を開発する原点となった基本的な考え方である．1950年代になるといろいろな**位相関係式**(phase relation)が提案されたが，現在使われている関係式は比較的初期に非常に単純なアイデアから生まれた関係式である．

4.1.1 セイヤーの等式

この節では，式の煩雑さを避けるために指数をベクトル表示すると，

$$\mathrm{F}(h\,k\,l) = \mathrm{F}(\boldsymbol{K}) = |\mathrm{F}(\boldsymbol{K})| \exp\{i\varphi(\boldsymbol{K})\} \qquad (4.4)$$

と表せる．セイヤー(D. Sayre)は1952年，図4.2のように，各原子が充分離れていて，しかも同種の原子からなるという単純なモデルで電子密度$\rho(\boldsymbol{r})$を考えてみた．原子が充分離れているとすると，電子密度の2乗の関数$\rho(\boldsymbol{r})^2$でも，関数の値は異なるが，関数のピークの位置の$\boldsymbol{r}$は同じであると考えた．原子散乱因子をfとし，2乗の電子密度を持つ仮想的な物体の散乱因子をgとすると，原子による散乱の構造因子$\mathrm{F}(\boldsymbol{K})$と仮想的な物体による散乱の構造因

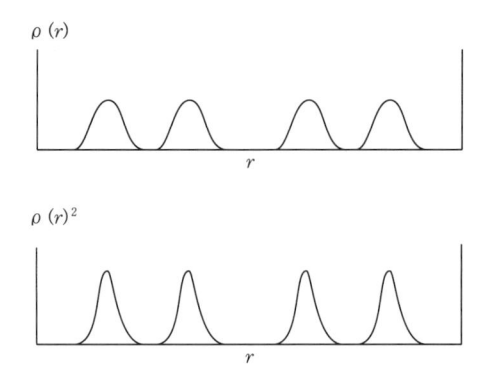

図 4.2 一次元構造における電子密度と電子密度の2乗の関数の関係

子 $G(K)$ は次のように表される．

$$F(K) = f\sum_{j=1}^{n} \exp(2\pi i K \cdot r_j) \tag{4.5}$$

$$G(K) = g\sum_{j=1}^{n} \exp(2\pi i K \cdot r_j) \tag{4.6}$$

(4.5)と(4.6)式から，

$$G(K) = \frac{g}{f} F(K) \tag{4.7}$$

となる．一方，$\rho(r)^2$ は $\rho(r)$ の2乗の関数だから，$G(K)$ は $F(K)$ からも直接表すことができる．この式は**自己叩き込み関数**(self-convolution function)といって，厳密な説明は難しいが結果は比較的簡単で，

$$G(K) = \frac{1}{V}\sum_{K'} F(K') F(K - K') \tag{4.8}$$

となる．ここで V は単位胞の体積であり，和は K' についてとる．
(4.7)と(4.8)式の右辺を等しいとおくと，次式のようになる．

$$F(K) = \frac{f}{gV}\sum_{K'} F(K') F(K - K') \tag{4.9}$$

この式を**セイヤーの等式**(Sayre's equation)という．この式は正しいが，このままでは位相を決めることができない．そこで，和をとる項の中の1つの K'

についてだけ $F(\boldsymbol{K}')F(\boldsymbol{K}-\boldsymbol{K}')$ の値がとくに大きくなり，他の項は無視できると考える．そうすると，

$$F(\boldsymbol{K}) \fallingdotseq \frac{f}{gV} F(\boldsymbol{K}')\,F(\boldsymbol{K}-\boldsymbol{K}') \qquad (4.10)$$

となる．(4.2)式を使うと，

$|F(\boldsymbol{K})|\exp\{i\varphi(\boldsymbol{K})\} \fallingdotseq$

$$\frac{f}{gV}|F(\boldsymbol{K}')\,F(\boldsymbol{K}-\boldsymbol{K}')|\exp\{i\varphi(\boldsymbol{K}')+i\varphi(\boldsymbol{K}-\boldsymbol{K}')\} \qquad (4.11)$$

となるから，両辺の exp 項の{ }内は等しいとおける．すると，

$$\varphi(\boldsymbol{K}) = \varphi(\boldsymbol{K}') + \varphi(\boldsymbol{K}-\boldsymbol{K}') \qquad (4.12)$$

となり，この式から，2つの構造因子の位相，$\varphi(\boldsymbol{K}')$ と $\varphi(\boldsymbol{K}-\boldsymbol{K}')$ が既知であれば，新たな位相 $\varphi(\boldsymbol{K})$ が求まる．このようにして少しずつ既知の位相を拡げていけば，最後にはすべての位相が求められるはずである．

この式は簡単であるが，実際に適用してみるとほとんどの結晶で解析に成功しなかった．理由は，和の中で1つの項のみが非常に大きいとする(4.10)式が成り立たないからであった．この式の他にも数多くの位相関係式が提案された．しかしどの式も期待されたほどの成果は得られず，1960年代になると直接法の研究そのものがすっかり影を潜めてしまった．ところが1966年にカール(Karle)夫妻によって，直接法が成功する鍵は関係式の使い方にあるという画期的な論文が発表された(89頁のコラム参照)．そしてその関係式とは，基本的にはセイヤーの等式と同じであった．直接法そのものは1950年代から発展したものであるが，現在の直接法は実はこの論文から発展したといってよい．どこにそのような発展の鍵があったかを説明する前に，直接法を使う上でのいくつかの準備をする必要がある．

4.1.2 ウィルソンの統計

実測の回折強度から得られる構造因子を $F_o(\boldsymbol{K})$ とすると，この大きさは実験条件によって異なるので，真の構造因子あるいは(4.3)式の構造因子に合わせるには補正しなければならない．そこで，

$$CF_o(\boldsymbol{K}) = F(\boldsymbol{K}) \tag{4.13}$$

とする．この補正係数 C を**尺度(スケール)因子**という．(4.3)式には温度による原子の熱運動の効果(U_j)が含まれていないので，それも含めて $F_o(\boldsymbol{K})$ を表すと，

$$F_o(\boldsymbol{K}) = \frac{1}{C}\sum_{j=1}^{n} f_j(\boldsymbol{K})\exp\left(\frac{-8\pi^2 U_j \sin^2\theta}{\lambda^2}\right)\exp(2\pi i \boldsymbol{K}\cdot\boldsymbol{r}_j) \tag{4.14}$$

となる．ここで，$\sin^2\theta/\lambda^2$ が一定の領域で $|F_o(\boldsymbol{K})|^2$ の平均値 $\langle|F_o(\boldsymbol{K})|^2\rangle$ を求めてみる．

$$\langle|F_o(\boldsymbol{K})|^2\rangle = \frac{1}{C^2}\langle[\sum_j f_j(\boldsymbol{K})^2 + \sum_j\sum_{j'}{}' f_j f_{j'}\exp\{2\pi i \boldsymbol{K}(\boldsymbol{r}_j - \boldsymbol{r}_{j'})\}]\rangle$$
$$\times \exp\left(-16\pi^2\langle U\rangle\frac{\sin^2\theta}{\lambda^2}\right) \tag{4.15}$$

このとき，各原子の温度因子 U_j は平均値 $\langle U\rangle$ で近似している．平均すると，[ ]内の第二項はゼロとなるので，

$$\langle|F_o(\boldsymbol{K})|^2\rangle = \frac{1}{C^2}\langle\sum_j f_j(\boldsymbol{K})^2\rangle \times \exp\left(-16\pi^2\langle U\rangle\frac{\sin^2\theta}{\lambda^2}\right) \tag{4.16}$$

となる．$\langle\sum_j f_j(\boldsymbol{K})^2\rangle$ は $\sin^2\theta/\lambda^2$ の一定の領域の中間の $\sin\theta/\lambda$ での各原子の f_j の値から計算する．

$$\frac{\langle|F_o(\boldsymbol{K})|^2\rangle}{\langle\sum_j f_j(\boldsymbol{K})^2\rangle} = \frac{1}{C^2} \times \exp\left(-16\pi^2\langle U\rangle\frac{\sin^2\theta}{\lambda^2}\right) \tag{4.17}$$

となるから，両辺の自然対数をとると，

$$\ln\frac{\langle|F_o(\boldsymbol{K})|^2\rangle}{\langle\sum_j f_j(\boldsymbol{K})^2\rangle} = -\ln C^2 - 16\pi^2\langle U\rangle\frac{\sin^2\theta}{\lambda^2} \tag{4.18}$$

と表せる．$\sin^2\theta/\lambda^2$ をいくつかの領域に分けて，それぞれの領域内で実測値 $|F_o(\boldsymbol{K})|^2$ を平均した値から $\ln[\langle|F_o(\boldsymbol{K})|^2\rangle/\langle\sum_j f_j(\boldsymbol{K})^2\rangle]$ を計算して，図4.3のように $\sin^2\theta/\lambda^2$ に対してプロットして，平均の直線を引くと，その傾きから $16\pi^2\langle U\rangle$ が得られ，その切片から $-\ln C^2$ が得られる．このようにして，尺度因子と平均の温度因子を計算して実測値 $F_o(\boldsymbol{K})$ から真の値 $F(\boldsymbol{K})$ を求める方法を，考案者の名前を取って**ウィルソン統計**(Wilson statistics)と呼んで

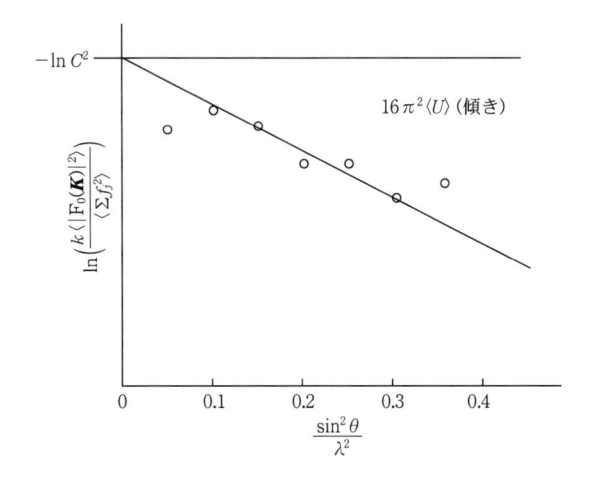

図 4.3 ウィルソンプロットによる温度因子と尺度因子の関係

いる．

4.1.3 規格化構造因子

構造因子の大きさは含まれる原子の電子数に依存するから，原子番号の大きな原子を含む場合や数多くの原子を含む場合は当然大きな値になる．そうすると結晶によって計算式の絶対値が異なって不便であるので，どのような結晶でも似たような値になるように規格化しておくと便利である．$F(\boldsymbol{K})$ を逆格子空間全体で平均した平均値を $\langle F(\boldsymbol{K}) \rangle$ とすると，次式のようになる．

$$\langle |F(\boldsymbol{K})|^2 \rangle = \left\langle \left[\sum_{j=1}^{n} f_j(\boldsymbol{K})^2 + \sum_j \sum_j{}' f_j f_{j'} \exp\{2\pi i \boldsymbol{K} \cdot (\boldsymbol{r}_j - \boldsymbol{r}_{j'})\} \right] \right\rangle$$
$$= \left\langle \sum_{j=1}^{n} f_j(\boldsymbol{K})^2 \right\rangle \quad (4.19)$$

そこで $F(\boldsymbol{K})$ をこの平均値で割った値を**規格化構造因子**(normalized structure factor) $E(\boldsymbol{K})$ という．

$$E(\boldsymbol{K}) = \frac{F(\boldsymbol{K})}{\langle F(\boldsymbol{K}) \rangle} = \frac{F(\boldsymbol{K})}{(\langle \sum f_j(\boldsymbol{K})^2 \rangle)^{1/2} \varepsilon(\boldsymbol{K})} \quad (4.20)$$

ここで，$\varepsilon(\boldsymbol{K})$ は空間群の対称によって決まる値である．たとえば単斜晶系

で，通常の構造因子は F(hkl) と F($h\bar{k}l$) の2つが存在するのに対して，F($h0l$) の構造因子は1つだけであるので統計が異なる．そこで，F($h0l$) が 1/2 になるように，$\varepsilon(h0l)$ を0.5 としている．この規格化構造因子の2乗の平均値は

$$\langle |E(\boldsymbol{K})|^2 \rangle = 1 \tag{4.21}$$

となるので，どのような結晶でも同じように扱うことができる．

4.1.4 対称心の有無の判定

$|E(\boldsymbol{K})|$ の値は，結晶中に含まれる原子の種類や個数に無関係であり，$\varepsilon(\boldsymbol{K})$ で調節してあるので，対称心の有無を除けば，空間群にも無関係である．そのことを利用して，$|E(\boldsymbol{K})|$ の分布から対称心の有無を判定することができる．表4.1に示すように平均値 $\langle |E(\boldsymbol{K})|^2 \rangle$，$\langle |E(\boldsymbol{K})^2-1| \rangle$，$\langle |E(\boldsymbol{K})| \rangle$ の値や，$|E(\boldsymbol{K})|$ の強度分布は，対称心を持つ場合と対称心を持たない場合で異なっている．この分布を計算してこの表の値と比較する．ただし，偽対称がある場合や構造が特殊な場合には必ずしも正確ではないので，一応の目安と考えたほうがよい．

4.1.5 原点の指定

構造因子 F($\boldsymbol{K}$) の位相は，単位胞の原点をどのようにとるかで変化する．そのため，位相決定する前に原点を指定しておく必要がある．図4.4に対称心のみの $P\bar{1}$ の空間群の格子を描いてある．原点に対称心があると，どの軸方向に

表4.1 $|E|$ の理論分布

	対称心がある場合	対称心がない場合
$\langle |E(\boldsymbol{K})| \rangle$	0.798	0.886
$\langle |E(\boldsymbol{K})|^2 \rangle$	1.000	1.000
$\langle |E(\boldsymbol{K})|^2-1 \rangle$	0.968	0.736
$|E(\boldsymbol{K})| \geq 0.5$	0.617	0.779
$|E(\boldsymbol{K})| \geq 1$	0.317	0.368
$|E(\boldsymbol{K})| > 1.5$	0.134	0.105
$|E(\boldsymbol{K})| > 2$	0.045	0.018
$|E(\boldsymbol{K})| > 3$	0.003	0.0001

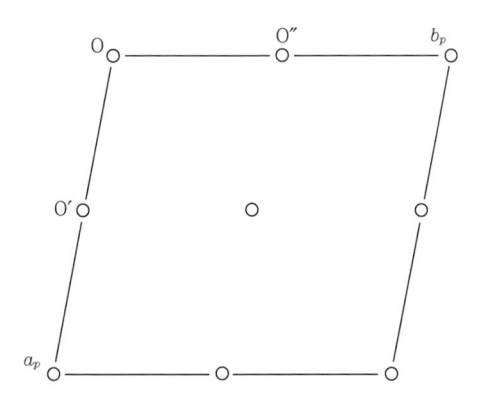

図 4.4 対称心を持つ単位胞
中間にも必ず対称心が存在する.

1/2 並進したところにも対称心がある. 原点 O から (x_j, y_j, z_j) にある原子は, a 軸方向に 1/2 並進した O′ を原点とすると, $(x_j - 1/2, y_j, z_j)$ となる. そうすると構造因子は次式のように表せる.

$$F'(h\,k\,l) = \sum_j f_j \exp\{2\pi i(hx_j + ky_j + lz_j)\} \exp(-\pi ih)$$
$$= F(h\,k\,l) \exp(-\pi ih) \tag{4.22}$$

この式から, h が偶数のときは原点が O でも O′ でも同じであるが, 奇数のときは原点が O と O′ では符号が反対になる. したがって, h の指数が奇数の構造因子の符号を正とすると原点 O を, 負とすると原点 O′ を指定したことになる. 同様に, k が奇数の構造因子のどれかの符号を正か負に決めれば b 軸方向で O か O″ を決めたことになり, l が奇数の構造因子のどれかの符号を正か負に決めれば c 軸方向で O か O‴ の原点を決めたことになる. したがって, 少なくとも h, k, l のどれかが奇数の構造因子の 3 つの符号を決めれば, 原点から 1/2 並進した対称心のどれかを原点に指定したことになる.

対称心を持たない場合にも原点の指定が必要である. 図 4.5 に示す $P1$ の空間群では a, b, c 軸いずれの方向でもどの位置に原点を置いてもよい. そこで, 原点 O から a 軸方向に Δx だけ移動した点 O′ に原点を移してみる. する

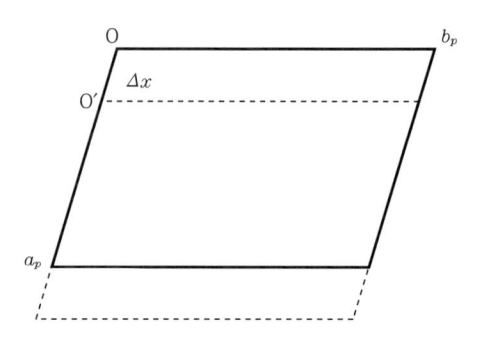

図 4.5 対称心を持たない単位胞
原点が Δx ずれると位相が変化する．

と，

$$\begin{aligned}
F'(h\,k\,l) &= \sum_{j=1}^{n} f_j \exp\{2\pi i(hx_j + ky_j + lz_j)\}\exp(-2\pi i h\Delta x)\\
&= |F(h\,k\,l)|\exp[i\{\varphi(h\,k\,l) - 2\pi h\Delta x\}] \qquad (4.23)
\end{aligned}$$

となり，すべての構造因子の位相が $2\pi h\Delta x$ だけ変化したことに対応している．たとえば h が 1 の構造因子で位相角を $\pi/4$ ずらすことは，Δx を 1/8 移動することに対応する．このようにして，h，k，l が独立な 3 つの構造因子のそれぞれについて 0 から 2π までの任意の値を与えることで，原点を指定したことになる．空間群が $P2_1$ の場合は，a，c 軸については半周期ごとに 2_1 らせん軸があるので，どのらせん軸を原点に一致させるかを指定するために，h と l が奇数の構造因子についてそれぞれ正符号(位相角 0)か負符号(位相角 π)を与える．2_1 らせん軸方向の b 軸については原点をどこに置いてもよいので，k が 0 でない構造因子のどれかに適当な位相を与えればよい．

4.1.6 位相関係式

セイヤーの等式を規格化構造因子で表すと，

$$E(\boldsymbol{K}) = C\sum_{\boldsymbol{K'}} E(\boldsymbol{K'})\,E(\boldsymbol{K}-\boldsymbol{K'}) \qquad (4.24)$$

となり，この式から次式が導ける．

4.1 直接法

$$|E(\boldsymbol{K})|\exp\{i\varphi(\boldsymbol{K})\} = C\sum_{\boldsymbol{K'}}|E(\boldsymbol{K'})E(\boldsymbol{K}-\boldsymbol{K'})|$$
$$\times \exp[i\{\varphi(\boldsymbol{K'}) + \varphi(\boldsymbol{K}-\boldsymbol{K'})\}] \quad (4.25)$$

$$|E(\boldsymbol{K})|\cos\{\varphi(\boldsymbol{K})\} = C\sum_{\boldsymbol{K'}}|E(\boldsymbol{K'})E(\boldsymbol{K}-\boldsymbol{K'})|$$
$$\times \cos\{\varphi(\boldsymbol{K'}) + \varphi(\boldsymbol{K}-\boldsymbol{K'})\} \quad (4.26)$$

$$|E(\boldsymbol{K})|\sin\{\varphi(\boldsymbol{K})\} = C\sum_{\boldsymbol{K'}}|E(\boldsymbol{K'})E(\boldsymbol{K}-\boldsymbol{K'})|$$
$$\times \sin\{\varphi(\boldsymbol{K'}) + \varphi(\boldsymbol{K}-\boldsymbol{K'})\} \quad (4.27)$$

さらに(4.26)式と(4.27)式から,

$$\tan\{\varphi(\boldsymbol{K})\} = \frac{\sum_{\boldsymbol{K'}}|E(\boldsymbol{K'})E(\boldsymbol{K}-\boldsymbol{K'})|\sin\{\varphi(\boldsymbol{K'})+\varphi(\boldsymbol{K}-\boldsymbol{K'})\}}{\sum_{\boldsymbol{K'}}|E(\boldsymbol{K'})E(\boldsymbol{K}-\boldsymbol{K'})|\cos\{\varphi(\boldsymbol{K'})+\varphi(\boldsymbol{K}-\boldsymbol{K'})\}}$$

$$(4.28)$$

となる．この式を **tangent 式**(tangent formula)といっている．

ところで tangent 式を使うときには，あらかじめ数多くの位相が既知の構造因子($E(\boldsymbol{K'})$や$E(\boldsymbol{K}-\boldsymbol{K'})$の位相角)を持っていないと計算できない．前項で述べたように，原点を指定するために最高3つの構造因子には位相を与えることになるが，それ以外は解析当初は未知である．そこで$|E(\boldsymbol{K})|$の大きないくつかの構造因子の位相を仮定することにする．位相角が0かπのどちらかをとる構造因子ではそのどちらかを，位相角が任意の値をとる構造因子では$\pm\pi/4, \pm 3\pi/4$を与えてみる．そうすると，位相角が0かπの構造因子m個の位相と，位相角が$\pm\pi/4$か$\pm 3\pi/4$の構造因子n個の位相を仮定すると，その組み合わせは$2^m 4^n$通りとなる．通常は数十個の構造因子の位相を仮定する．これらの仮定した位相や原点指定などで既知の位相を使って，tangent 式で$E(\boldsymbol{K})$の位相角を計算する．最初はtangent 式の計算に含まれる位相既知の$\sum E(\boldsymbol{K'})E(\boldsymbol{K}-\boldsymbol{K'})$の項の数が少ないために，計算された$E(\boldsymbol{K})$の値は真の値からはずれているが，この$E(\boldsymbol{K})$を位相既知の構造因子のグループに入れて，tangent 式を使って次の$E(\boldsymbol{K})$の位相を計算する操作を繰り返していくうちに，最終的には全部の$E(\boldsymbol{K})$の位相が計算される．またすでに位相既

知とされている $E(\boldsymbol{K})$ の位相も，tangent 式で計算すると，それぞれの $E(\boldsymbol{K})$ の位相も収束してくる．この操作で仮定した初期位相の組み合わせの1つが求められたので，次の組み合わせについて計算する．この組み合わせの数は $2^m 4^n$ 通りあるので膨大な計算となり，まともに最初の組み合わせから順番に始めると，大型のコンピュータでも数時間を要する大計算となるであろう．実際は，初期位相値の組み合わせをモンテカルロ法のようにランダムに選び出して計算すると，正解に達するまでの組み合わせの数は驚くほど少なくて済んでいる．

4.1.7 正解判定の基準

それぞれの組み合わせで位相を計算したとき，その組み合わせが正解であることの判定基準が問題であり，いくつかの方法が提案されているが，最もよく使われる基準は R_E 値である．まず $E(\boldsymbol{K})$ の計算値，$E_c(\boldsymbol{K})$ を次の式で定義する．

$$
\begin{aligned}
E_c(\boldsymbol{K}) = [&\langle |E(\boldsymbol{K}')\,E(\boldsymbol{K}-\boldsymbol{K}')|\cos\{\varphi(\boldsymbol{K})+\varphi(\boldsymbol{K}-\boldsymbol{K}')\}\rangle^2 \\
&+ \langle |E(\boldsymbol{K}')\,E(\boldsymbol{K}-\boldsymbol{K}')|\sin\{\varphi(\boldsymbol{K})+\varphi(\boldsymbol{K}-\boldsymbol{K}')\}\rangle^2]^{1/2}
\end{aligned}
\tag{4.29}
$$

実測の規格化構造因子を $E_o(\boldsymbol{K})$ とすると，$E_c(\boldsymbol{K})$ との一致の程度，R_E を次式で定義する．

$$
R_E = \frac{\sum_{\boldsymbol{K}}||E_o(\boldsymbol{K})|-C|E_c(\boldsymbol{K})||}{\sum |E_c(\boldsymbol{K})|}
\tag{4.30}
$$

もちろん R_E が小さいほどよい．C は補正因子で，

$$
C = \frac{\sum_{\boldsymbol{K}}|E_o(\boldsymbol{K})|}{\sum_{\boldsymbol{K}}|E_c(\boldsymbol{K})|}
\tag{4.31}
$$

である．初期位相値の各組み合わせについて，位相計算が収束したところで R_E を計算し，その前の組み合わせより小さくなったとき，そのときの位相値を残しておき，次の組み合わせを計算する．それまでの組み合わせに比べて R_E 値が有意に小さくなったとき，正解が得られた可能性が高い．

正解と思われた位相値を使って，$E(\boldsymbol{K})$ を係数としたフーリエ級数を計算する．

$$\rho_E(x,y,z) = \frac{1}{V}\sum_{-\infty}^{+\infty}\sum_{-\infty}^{+\infty}\sum_{-\infty}^{+\infty} E(h\,k\,l)\exp\{-2\pi i(hx+ky+lz)\}$$

(4.32)

この $\rho_E(x,y,z)$ を $\boldsymbol{E}$-マップ (E-map) という．$E(\boldsymbol{K})$ は原子が結晶内の原子の平均の電子数を持つ点原子の構造因子を表しているので，原子の位置を決めるだけなら $F(\boldsymbol{K})$ を係数とする電子密度より優れている．この E-マップの中に分子構造を見つけることができれば，正解が得られたことになる．R_E が小さくても必ずしも正解とは限らないので，次に小さい R_E を持つ組み合わせの E-マップも計算することになる．最近のプログラムでは，いくつかの指標を使って総合的に判断して最も確率の高い位相の組み合わせの E-マップを計算している．

コンピュータの進歩によって，初期位相値を仮定する構造因子の数を多くして数多くの組み合わせから位相値を計算することが可能になり，また有力な正解を判定する基準が考案されたことによって，比較的短時間に構造解析に成功することになった．直接法は当初は小分子の結晶の解析に向いている解析法といわれていたが，最近ではタンパク結晶にも適用可能になってきている．

直接法を発展させたカール夫妻

直接法は第二次大戦後に実験装置を失った多くの結晶学者にとって格好の研究目標であった．1950年から1960年の10年間が特に活発で，約200報が発表された．セイヤーの等式が発表されたのは1952年であるが，その翌年の1953年にはカール (J. Karle) とハウプトマン (H. A. Hauptman) の共著でアメリカ結晶学会から『Solution of the Phase Problem. I. The Centrosymmetric Crystal』が出版された．この2人は大学学部時代にニューヨーク市立大学物理学科で同級であり，大学院では，カールはシカゴ大学で電子線回折を研究して学位を取得し，ハウプトマンはメリーランド州立大学で数学の理論で学位を取得した．大学院修

了後マンハッタン計画に参加し，2人ともワシントンにある海軍研究所の研究員となったが，参加したときは戦争は終了していた．彼らの本は直接法についての数学的な概念を確立した点では高く評価される．しかしとにかく難解な内容で，この論文の内容と重複する論文がその後かなり多く発表された．彼らの内容の最も大切な部分は，彼らがΣ_2式と名づけたセイヤーの等式であった．したがって，位相決定ができたかという点ではあまり有効ではなかった．1960年になると，結晶学にはケンドリューやペルツらによって開発されたタンパク質の結晶解析という新しい展開が始まり，多くの結晶研究者はタンパク質の解析に転進したため，直接法の研究は急速に少なくなってしまった．著者がX線解析を始めた1964年ごろには，直接法に関する論文はほとんどみられなかった．

　この状況を大きく変えたのは，イザベラ・カール（Isabella Karle）とジェローム・カール（Jerome Karle）夫妻であった．イザベラはシカゴ大学の大学院時代にジェロームと同研究室で，やはり電子線回折で学位を取得した．その後10年間は子育てで忙しかったが，1960年ごろからジェロームの海軍研究所でX線解析の研究を始めた．ジェロームはこのころ電子線回折の研究にも打ち込んでいたが，イザベラは直接法を利用した構造解析を始めた．夫妻のアイデアは，セイヤーの等式あるいはカールとハウプトマンのΣ_2式である，$F(\boldsymbol{K}) = \sum_{\boldsymbol{K'}} \{F(\boldsymbol{K'}) \times F(\boldsymbol{K}-\boldsymbol{K'})\}$の式で，和の中の1項だけが特に大きいのでその他は無視するという乱暴な仮定を改良した．最初に未知の位相のいくつかをとりあえず記号で置き換えて記号の足し算を行っておいて，かなり多くの構造因子の位相が記号で表せた段階で，記号の間の関係式を導いて，記号の実際の値を推定しようというものであった．この方法は記号の足し算を行うので記号和の方法と呼ばれている．最初は年に1, 2報であったが，1960年代半ばには年に5, 6報も報告され，しかも不可能とされた対称心を持たない結晶の構造解析に成功することになった．その方法論が注目されるようになった1966年，その方法をまとめた論文が報告されたのである．この論文は世界の結晶研究者に衝撃を与えた．著者も早速試してみたところ，修士課程の2年間でようやく1個の結晶の構造解析に成功したものが，直接法を使うと数日で解析できたのである．ただし，記号和の方法は非常に面倒で，結晶学についての相当深い知識を必要とする．イザベラの忍耐強さがこの方法の成功をもたらしたと思われる．

その後，イギリスのウールフソン(M. Woolfson)が，本章で説明した多重解法を提案した．この方法は無駄な計算も多いが，面倒な計算をすべてコンピュータに行わせるところに特徴がある．そのため結晶学の知識がなくても解析が可能になり，X線解析法の普及には大きく貢献することとなった．実際に，それまで年間に約1000件程度の解析結果が報告されるだけであったが，年間10000件の解析が報告されるようになった．最近では年間数万件の報告がある．また，最近ではシェルドリック(G. Sheldrick)によるSHELXSや，ジャコバッゾ(C. Giacovazzo)によるSIRなどの優れたプログラムが使われている．

この功績で，1985年にジェローム・カールとハウプトマンにノーベル化学賞が授与された．しかし著者は，イザベラ・カールの果たした役割が本当は最も大きかったのではないかと思っている．

4.2 パターソン法

実測の回折強度から電子密度を求めるには位相が必要であり，位相関係式を使ってこの位相を求めるのが直接法である．しかし逆に，実測値から得られる$|F(hkl)|^2$をF(hkl)の代わりにフーリエ係数として使ったら何が求められるかということも興味ある問題である．この問題を解いて新たな解析法として提案したのはパターソン(A. Patterson)である．$|F(hkl)|^2$を係数としてフーリエ変換した関数を提案者の名前をとって，**パターソン関数** $P(x, y, z)$ と呼んでいる(96頁のコラム参照)．

$$P(x, y, z) = \frac{1}{V} \sum_{-\infty}^{+\infty} \sum_{-\infty}^{+\infty} \sum_{-\infty}^{+\infty} |F(hkl)|^2 \exp\{-2\pi i(hx + ky + lz)\}$$

(4.33)

この和は，h, k, l が $-\infty$ から $+\infty$ までであるが，$|F(\bar{h}\bar{k}\bar{l})|^2 = |F(hkl)|^2$ だから，

$$P(x, y, z) = \frac{2}{V} \sum_{h=0}^{+\infty} \sum_{k=0}^{+\infty} \sum_{l=0}^{+\infty} |F(hkl)|^2 \cos\{2\pi(hx + ky + lz)\}$$

(4.34)

と表される．

ところで，単位胞内の任意の原子の位置を r とし，この原子から u だけ離れた原子との原子間ベクトルの集合を $Q(u)$ とすると，$Q(u)$ は次の式で表される．

$$Q(u) = \int_{V_K} \rho(r)\,\rho(r+u)\,Vdv_K \tag{4.35}$$

$Q(u)$ は原子が r と $r+u$ にあるとき大きな値となる．この式の $\rho(r)$ に (2.50)式を代入すると，

$$\begin{aligned}Q(u) = \int_r \frac{1}{V} &\int_{V_K} F(K)\exp\{-2\pi i(K\cdot r)\}dv_K \\ \times \frac{1}{V}&\int_{K'} F(K')\exp\{-2\pi i(K'\cdot r)\}dv_{K'} \\ \times \exp&(-2\pi i K\cdot u)\,Vdv_K\end{aligned} \tag{4.36}$$

となる．この積分は，$K = -K'$ のときのみ値を持つので，

$$Q(u) = \frac{1}{V}\int_{V_K} |F(K)|^2 \exp(-2\pi i K\cdot u)\,dv_K \tag{4.37}$$

となる．さらに積分を和に変えて，u を規格化座標 (x,y,z) で表すと，

$$Q(x,y,z) = \frac{1}{V}\sum_{-\infty}^{+\infty}\sum_{-\infty}^{+\infty}\sum_{-\infty}^{+\infty}|F(h\,k\,l)|^2\exp\{-2\pi i(hx+ky+lz)\} \tag{4.38}$$

となり，$Q(x,y,z)$ はパターソン関数 $P(x,y,z)$ と一致する．すなわちパターソン関数は原子間ベクトルの集合であり，単位胞内で原子間ベクトルに対応する位置にピークを持つことになる．

4.2.1 重原子法

パターソン関数の特徴は，ベクトルの向きを逆にとることも可能なので必ず対称心が存在することと，ピークの高さはベクトルを構成する2個の原子の電子数の積に比例するということである．したがって，電子数の多い重原子間のピークが非常に大きくなり，炭素や窒素や酸素原子などの軽原子同士のピークはあまり目立たない．この性質を利用すると，重原子を1個か2個含む分子ではその重原子同士の原子間ベクトルが大きなピークとなるので，重原子の位置だけは容易に決められる．

たとえば $P\bar{1}$ の空間群で，1個の重原子を持つ分子があり，その座標を $(x\,y\,z)$ とすると，対称心で関係付けられる位置 $(\bar{x}, \bar{y}, \bar{z})$ にも原子があるので，その2つの原子間ベクトルに対応して，パターソン関数では $(2x, 2y, 2z)$ のところに高いピークがあるはずであり，このピークの座標から重原子の座標が決められる．

空間群の対称が高くなると，さらに有利な点が考えられる．空間群が $P2_1/c$ の場合には，

$$(x, y, z)\,;\,(-x, -y, -z)\,;\,\left(-x, \frac{1}{2}+y, \frac{1}{2}-z\right)$$
$$;\,\left(x, \frac{1}{2}-y, \frac{1}{2}+z\right)$$

の4つの等価位置がある．原子はこの対称操作で移されたところに必ずあるから，この対称で移された原子間のベクトルが存在するはずである．これらを考慮すると，

$$(2x, 2y, 2z)\,;\,\left(-2x, \frac{1}{2}, \frac{1}{2}-2z\right)\,;\,\left(0, \frac{1}{2}-2y, \frac{1}{2}\right)$$

に原子間ベクトルのピークがある．原点近傍に1番目のピークがある．また $y=1/2$ の面上に2番目のピークがある．$x=0$, $z=1/2$ で b 軸に平行な線上に3番目のピークが存在する．これらの式から，$2x$, $2y$, $2z$ の値が確実に求められる．このように対称操作の結果，なんらかの面上か線上に現れるパターソンピークを，提案者の名前をとって**ハーカーピーク**(Harker peak)と呼ぶ．

数個の重原子なら容易にその座標が決められることを利用して，重原子を含む分子の結晶解析に適用される解析法を**重原子法**(heavy atom method)という．構造因子 $\mathrm{F}(\boldsymbol{K})$ を，重原子による寄与と軽原子による寄与とを分けて考えると，

$$\begin{aligned}\mathrm{F}(\boldsymbol{K}) &= \mathrm{F_H}(\boldsymbol{K}) + \mathrm{F_L}(\boldsymbol{K}) \\ &= \sum_{j=1}^{n_\mathrm{H}} f_{\mathrm{H}j}\exp\{2\pi i(\boldsymbol{K}\cdot\boldsymbol{r}_j)\} + \sum_{j=1}^{n_\mathrm{L}} f_{\mathrm{L}j}\exp\{2\pi i(\boldsymbol{K}\cdot\boldsymbol{r}_j)\}\end{aligned} \quad (4.39)$$

となる．ここで第1項が重原子，第2項が軽原子からの寄与である．図4.6の複素平面に示すように，$F(\boldsymbol{K})$に対する$F_H(\boldsymbol{K})$の寄与は大きいので，

$$\varphi(\boldsymbol{K}) \fallingdotseq \varphi_H(\boldsymbol{K}) \tag{4.40}$$

と近似してもよい．この近似位相を実測の$|F(\boldsymbol{K})|$に与えて電子密度を計算すると，重原子の他に，重原子近傍の軽原子が現れてくる．そこで新たに現れた軽原子も座標既知の重原子と同じように$F_H(\boldsymbol{K})$の計算に含めると，その位相$\varphi_H(\boldsymbol{K})$は真の位相$\varphi(\boldsymbol{K})$に近づくので，この位相を$|F(\boldsymbol{K})|$に与えて電子密度を計算すると，さらに残りの軽原子が現れてくる．この操作を繰り返すと，最後に全部の原子が現れてくる．この方法を**逐次フーリエ法**(successive Fourier method)という．

ところで，軽原子の数がどんどん多くなると，(4.40)式の近似はどんどん悪くなり，重原子法が適用できなくなる．この限界として，

$$\gamma = \frac{\sum_{j=1}^{n_H} Z_{H_j}^2}{\sum_{j=1}^{n_L} Z_{L_j}^2} \tag{4.41}$$

が提案されて，この値が1までなら適用できると考えられている．ここで，Z_{H_j}とZ_{L_j}は重原子と軽原子の電子数である．C, N, O原子を30個程度含む分子の場合では，重原子としてBr原子1個含めばよいことになる．

もし分子が重原子を含んでいないときは，重原子を分子のどこかに置換して

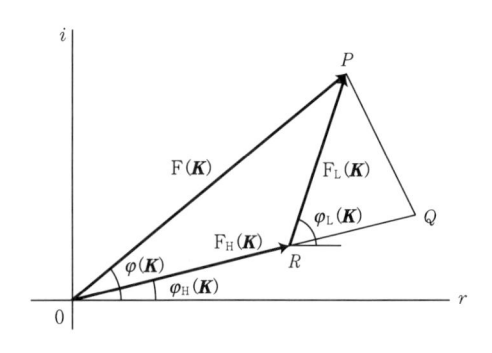

図4.6 重原子法の位相の近似法

重原子法を適用することができる．その意味で重原子法は直接法と異なって，実験的に位相を決める要因を導入して位相問題を解決しようとする方法であるといえる．直接法が登場する1970年以前までは，複雑な有機化合物の構造解析はほとんど重原子法で行われた．

4.2.2 ベクトルサーチ法

重原子を含まない場合でも，分子構造の一部あるいは全部の構造が既知の結晶の構造解析にもパターソン関数は適用することができる．というのは，分子構造の一部あるいは全部が既知であるから，この既知部分のベクトルの集合を作ることができるのである．このベクトル集合はパターソン関数の中に含まれているはずであるから，このベクトル集合を並進および回転させることによって，パターソン関数の中の最も一致度が良いところを計算で探すことができる．その位置からこの既知部分の位置が求められる．図4.7(a)に示すような4つの原子があると，図4.7(b)のようなベクトル集合ができる．この集合を図4.8のパターソン関数の中で探すことになる．破線で示す4つの点は，明らかに元の構造を表している．

分子の一部の座標が求められた後は，重原子法と同様に，逐次フーリエ法を適用して残りの部分の構造を見つけることができる．この方法を**ベクトルサーチ法**(vector search method)という．この方法は既知部分の原子の座標を導入

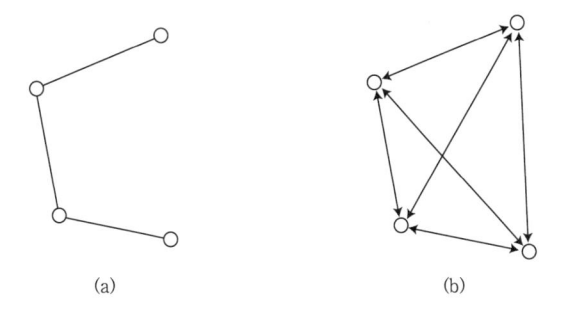

図4.7　ベクトルサーチ法におけるベクトルの組み合わせ
(a) 4個の原子からなる分子構造と，(b) そのベクトルの組み合わせ．

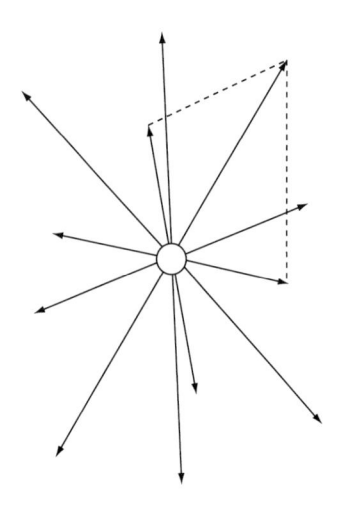

図4.8 パターソン関数のピークと
4原子の分子構造の関係

するところが面倒であるが，PATSEE というプログラムが作られているので，他の方法では成功しないときに試してみるとよい．

パターソン関数の誕生

　電子密度を計算する式には構造因子が係数として使われているために位相問題が出てくるのだから，構造因子の2乗，つまり回折強度を使えば，位相問題は生じてこない．しかし $F(hkl)^2$ を使ったフーリエ級数を計算すると，どんな数値が得られるかが問題である．そう考えたパターソンは，隣の研究室のウィーランド(H. O. Wieland)教授を訪ねた．2, 3日後に聞いた教授の答えは，本章で説明したように，結晶中の原子間ベクトルを表すマップができるというものであった．それを聞いたパターソンは早速3ヶ月後のアメリカ結晶学会に，「新たな解析法に基づく結晶解析」というテーマで講演を申し込んだ．それから3ヶ月間，$F(hkl)^2$ を使ったフーリエ級数を計算して実際に複雑な無機化合物の構造解析に成功し，学会で発表した(1935年)．その結果があまりにも衝撃的であったので，その関数にパターソンの名前が付けられた．

このパターソン関数はその後重原子法に発展した．この重原子法で複雑な有機天然物化合物の構造決定に続々成功するようになった．複雑なかご型の分子になると，化学的に分解したのでは元の構造の推定は不可能であるし，NMR や IR で推定するのも骨格の構造の推定が困難であった．そのため 1960 年代は重原子法による有機天然物の構造決定が非常に華やかであった．著者が助手のポストを得たのも，東京工業大学に天然物化学研究施設が創設され，そこに構造化学部門が新設されたからであった．そのハイライトが，1972 年の国際結晶学会で日・米の研究者から独立に報告されたフグ毒の構造決定である．しかし，天然物からわずかに抽出される有機化合物に重原子を導入するという合成法は，研究者に大変な労力と技術を課すことになった．そのうえ，天然物から抽出されたままの化合物は良い結晶なのに，重原子を導入すると結晶にならないという難題が待ち構えていた．そのため，重原子を必要としない直接法が登場すると，解析法の主流の座を交代することになった．

　パターソンはこの関数のアイデアはウィーランド教授によるものだと正直に述べていたためにその成果が低く評価されがちであるが，それでもノーベル賞をもらっても当然の価値があったと著者は思っている．

4.3　同形置換法

　重原子法は実験的に位相決定の要因を導入して位相問題を解決する方法として優れているが，軽原子の数が圧倒的に多いタンパク質の結晶の場合には，どんな重原子を導入しても (4.41) 式の γ 値が 1 に近づくことは困難である．ところが，タンパク質の結晶は結晶中に 60〜70 % の溶媒の水を含んでいるので，重原子を導入しても溶媒の水の構造が少し変わるだけで，元の結晶と**同形結晶**(isomorphous crystal)である場合が多い．実際にタンパク質の結晶が析出している母液に重原子イオンを添加すると，重原子イオンがタンパク質の結晶中に浸透して同形の重原子を含んだ結晶ができる．このことを利用して高分子量の結晶の位相を求める方法を**同形置換法**(isomorphous replacement method)といい，ペルツ(M. Perutz)がタンパク結晶の解析法として提案した

(100頁のコラム参照).

タンパク質の結晶の構造因子を $F_P(\boldsymbol{K})$，重原子を導入した結晶の構造因子を $F_{PH}(\boldsymbol{K})$ とし，この重原子結晶の重原子の寄与部分を $F_H(\boldsymbol{K})$ とする．タンパク質の結晶と重原子結晶は同形であるから，

$$F_{PH}(\boldsymbol{K}) = F_P(\boldsymbol{K}) + F_H(\boldsymbol{K}) \tag{4.42}$$

と表せる．このことを複素平面で表すと，図4.9になる．重原子法のときと異なって，$F_P(\boldsymbol{K})$ に比べて $F_H(\boldsymbol{K})$ の寄与は圧倒的に小さい．ここで，

$$||F_{PH}(\boldsymbol{K})| - |F_P(\boldsymbol{K})||^2 = |F_H(\boldsymbol{K})|^2 \cos^2\gamma$$

となるが，$\langle\cos^2\gamma\rangle \fallingdotseq 1/2$ であるから，

$$||F_{PH}(\boldsymbol{K})| - |F_P(\boldsymbol{K})||^2 \fallingdotseq \frac{1}{2}|F_H(\boldsymbol{K})|^2 \tag{4.43}$$

となる．**重原子結晶**(heavy atom crystal)と**タンパク質結晶**(native crystal)の同じ指数の実測の構造因子の差の2乗，$||F_{PH}(\boldsymbol{K})| - |F_P(\boldsymbol{K})||^2$ を係数とするパターソン関数を計算すると，重原子の寄与だけを係数とするパターソン関数を計算したことになるから，このピーク位置から重原子の位置は容易に求まるはずである．その座標から $F_H(\boldsymbol{K})$ が求められたことになる．その結果，$|F_{PH}(\boldsymbol{K})|$ と $|F_P(\boldsymbol{K})|$ と $F_H(\boldsymbol{K})$ から図4.10のような作図をして位相を計算できる．

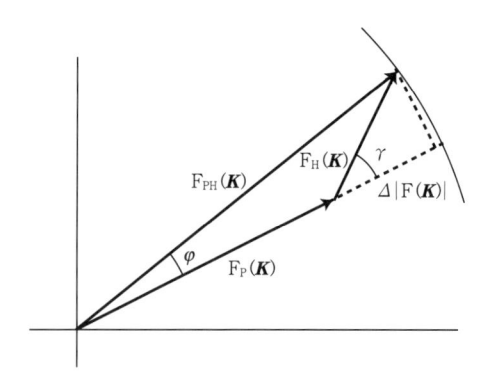

図4.9　同形置換法における重原子結晶とタンパク結晶の構造因子の関係

4.3 同形置換法

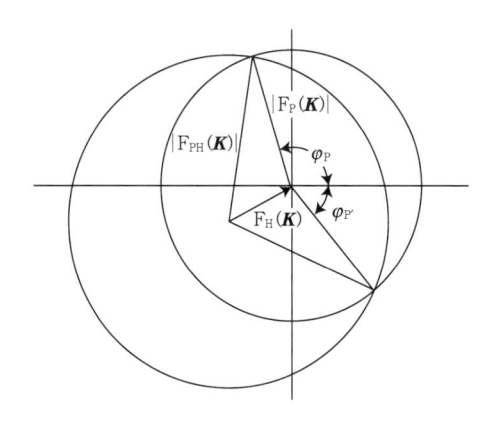

図4.10 重原子のみの位相からもとのタンパク結晶の位相を求める方法

まず原点からベクトル$F_H(K)$を描く．原点を中心にして半径$|F_{PH}(K)|$の円を描き，ベクトル$F_H(K)$の先端を中心にして半径$|F_P(K)|$の円を描く．この円の交わった点が図4.9の原点に当たるところであるから，タンパク質結晶の位相$\varphi(K)$は容易に計算できる．一般的には2つの円の交わる点は2つあるので，どちらかは偽の解である．これを区別するには，もう一つ原子の異なる重原子結晶を作ってこの重原子結晶の$|F_{PH'}(K)|$を同様に作図すると，どちらの点が正解であるか区別できる．小分子の結晶では重原子を導入すると結晶形が異なるので，この方法は適用できないが，タンパク質結晶のような大量の溶媒の水を含む結晶では重原子を導入しても結晶形はほとんど変わらないという結晶の特質をうまく利用した方法である．最近では，類似のタンパク質の結晶構造が既知の場合にはその構造を利用した回転関数法や，重原子の異常散乱を利用して位相を決定する異常散乱法が開発されて，同形置換法を使う場合が少なくなっているが，どのようなタンパク質の解析にも適用される基本的な方法として重要な方法である．

同形置換法のペルツとウィルソン統計

ウィーン大学を卒業したペルツが，ケンブリッジ大学のキャベンディッシュ研究所のバーナル(J. D. Bernal)の研究室に来て，当時抽出されたばかりのヘモグロビンの赤い結晶のX線回折写真を撮ったのは1934年のことである．それ以来，ヘモグロビンの解析が彼の研究テーマとなった．パターソン関数のことは当然知っていたが，数万の分子量のタンパク質で，重原子が1個や2個あっても何の役にも立たないであろうと考えていた．たとえば重原子Hが1個だけ含まれたとすると構造因子は，

$$F(h\,k\,l) = f_H \exp\{2\pi i(hx_H + ky_H + lz_H)\} \\ + \sum f_{L_j} \exp\{2\pi i(hx_j + ky_j + lz_j)\}$$

となるが，1000個以上ある第2項の和と第1項を比べると，重原子の原子散乱因子 f_H が軽原子の原子散乱因子 f_{L_j} の10倍あっても，あまり大きな寄与があるとは考えられなかったのである．

ところが研究所の一般公開があって，そこでペルツはX線回折強度の絶対測定という研究を紹介することになった．彼は自分の作った結晶のうち，水銀を導入した結晶の絶対強度測定を実際に行って見せたときに，彼自身がその結果に衝撃を受けたのである．絶対測定を行ったということは，上式の $F(h\,k\,l)$ の値を決めたということである．通常は相対値であるから，尺度因子 C が決まらないと上式の $F(h\,k\,l)$ と比較できないのである．その絶対値と水銀の原子散乱因子 f_H を比べてみると，重原子の寄与が無視できない大きさであることが初めて認識されたのである．それなら第2項はどうかというと，確かに項の数は多いが，位相がばらばらであるためプラスとマイナスが打ち消しあって，和をとるとそれほど大きな値にはならないということである．本章で述べたように，この結果が1953年の同形置換法へと発展することになった．この5年後の1958年に，ペルツの弟子のケンドリューがこの同形置換法を利用してミオグロビンの構造解析に成功するのである．ヘモグロビンはミオグロビンに類似した分子が4個含まれた大きな分子であるので，ペルツはさらに苦労するが，1964年にようやく構造解析に成功した．最初の回折写真から30年が過ぎていた．1962年ケンドリューとペルツはノーベル化学賞を受けた．

後年ペルツ自身が述べている次のような話がある．構造因子の絶対測定を行わ

なかったら決して同形置換法を思いつかなかったが，絶対測定しなくても尺度因子を何らかの手段で知ることができたら，構造因子の絶対値を推定することはできたはずである．そしてその尺度因子を統計的に求めることができると提案したのはウィルソン(A. Wilson)であり，そのウィルソンとペルツはその当時キャベンディッシュ研究所の1部屋で2人だけで机を並べていたのである．もちろんペルツは隣席のウィルソンの仕事は知っていたが，まさかその仕事が自分の先入観を打ち破る核心をついているとは思わなかったということである．そのために何年も解析に苦しんでいたのである．

弟子のケンドリューにタンパク質結晶の構造解析では先を越されてしまったが，ヘモグロビンはミオグロビンに近い構造を4つ含むことが生物の進化に重要な役割を持っていることが明らかになった．ヘモグロビンもミオグロビンも，酸素を肺で捕まえて体内組織にその酸素を与える役割を持っているが，4つの分子が協同効果を持つことで，ヘモグロビンの方がはるかに効率よく酸素を肺で捕まえて，血液で運ばれて末端の組織で酸素を効率的に放出することができるのである．この協同効果の正体は何かということが次の研究テーマになり，ペルツの研究はその後も続き，一生をヘモグロビンの研究に費やすこととなった．

演 習 問 題

[1] 対称心を持たない空間群の原点を指定するには，任意の指数の構造因子に0から2πまでの任意の値を与えればよい．その指数hが1と異なるときには，$\Delta x + (1/h), \cdots, \Delta x + (h-1)/h$のどれかを指定しただけであることを説明せよ．

[2] 重原子Brを1個含む分子の結晶の空間群は$P2_1/c$である．この結晶の構造解析を行うためにパターソン関数を計算し，次のような3つの大きなピークが見つけられた．重原子Brの座標を求めよ．

$(0.40, 0.30, 0.20)$; $(0.60, 0.50, 0.30)$; $(0.00, 0.20, 0.50)$

[3] ビタミンB_{12}は中心にコバルト原子を含む錯体で，コバルト原子に炭素原子が直結した分子として初めてその構造が明らかになったもので，その分子式は$C_{63}H_{88}N_{14}O_{14}PCo$である．この$\gamma$値を計算し，重原子法の限界と比較せよ．

この解析に成功したホジキン(D. C. Hodgkin)には1964年ノーベル化学賞が与えられた．

[4] タンパク質は簡単なものでも炭素や窒素や酸素原子を1000個以上含んでいるから，重原子として水銀を1個含む重原子結晶を作ったとしても，6個，7個，8個の電子を持つ炭素，窒素，酸素1000個に対して，せいぜい80個の電子を持った重原子1個に過ぎない．構造因子 $F(h\,k\,l) = \sum_j f_j \exp\{2\pi i(hx_j + ky_j + lz_j)\}$ の式を見ると，f_j は電子数に比例するのであるから，この式を見るかぎり，構造因子の大きさに対する水銀の寄与は無視できるほど小さいと考えてしまう．同形置換法を考案したペルツもこの考えから長い間抜け出せなかったのであるが，なぜタンパク質結晶では1個の水銀が $F(h\,k\,l)$ の大きさに有意な寄与ができるかを説明せよ．

第5章 強度データの補正と構造モデルの修正

これまでの章では，構造決定するために最小限必要とされるX線回折理論と結晶の対称について説明してきた．これでおよその結晶構造解析はできるのであるが，詳細な構造を得るためにはもう少し詳しい回折現象を理解しておかなければならない．この章では，位相の決定ができて電子密度計算からおよその構造が解析できた後，最小二乗法でその構造の精密化を行うときに必要とされる問題点について説明する．

5.1 異方性熱振動

2.11節では原子は等方的に熱振動していると仮定していたが，原子の熱振動は分子の形に影響されて一般的には異方的である．この場合には熱振動を逆空間の形で表した T も異方的になる．この異方的な T は次の式で表される．

$$T = \exp\{-2\pi^2(U_{11}h^2(a^*)^2 + U_{22}k^2(b^*)^2 + U_{33}l^2(c^*)^2 + 2U_{23}klb^*c^* + 2U_{13}hla^*c^* + 2U_{12}hka^*b^*)\} \tag{5.1}$$

U_{11}, U_{22}, U_{33}, U_{23}, U_{13}, U_{12} を**異方性温度因子**(anisotropic thermal parameter)という．以前は式の形を簡単にするために U_{ij} の代わりに β_{ij} が使われていたが，β_{ij} で表すと，

$$T = \exp\{-(\beta_{11}h^2 + \beta_{22}k^2 + \beta_{33}l^2 + 2\beta_{23}kl + 2\beta_{13}hl + 2\beta_{12}hk)\} \tag{5.2}$$

と表せる．原子の熱振動は異方性温度因子で表すが，U_{ij} では実空間内での原子の振動の程度が分かりにくいので，異方性温度因子を平均した値で表されることが多い．この平均した値を**等価等方性温度因子**(equivalent isotropic thermal parameter)といい，U_{eq} と表している．式で表すと以下のようになる．

$$U_{eq} = \frac{1}{3}\{U_{11}(aa^*)^2 + U_{22}(bb^*)^2 + U_{33}(cc^*)^2 + 2U_{12}a^*b^* ab\cos\gamma$$
$$+ 2U_{13}a^*c^* ac\cos\beta + 2U_{23}b^*c^* bc\cos\alpha\} \qquad (5.3)$$

斜方晶系,正方晶系,立方晶系のときは,各軸は直交しており,$a^* = (1/a)$,$b^* = (1/b)$,$c^* = (1/c)$ であるので,

$$U_{eq} = \frac{1}{3}(U_{11} + U_{22} + U_{33}) \qquad (5.4)$$

となる.

　原子の位置が各単位胞の中で少しずつ異なる場合も,回折法では周期単位で平均してしまうので,電子密度の拡がりとして原子散乱因子に現れてくる.これは見かけ上熱振動とまったく同じである.このように,回折法では平均して見えるので,原子が1点の周りで分布して見える要因は,原子がそれぞれの単位胞の中で空間的に異なる位置に分布している場合と,熱運動のようにそれぞれの単位胞では同じ位置にあるが時間的に異なる位置に分布している場合とがある.この違いは結晶の温度を変えて測定することで区別できる.すなわち,温度を変えても電子密度の拡がりがなくなることがなければ,原子が空間的に乱れた位置にあることを示しており,低温にすると電子密度の拡がりが小さくなれば,電子密度の拡がりは熱運動によるものである[†].

　ところで,(5.1)式の異方性温度因子の式は逆空間での表示であるので,実空間でどのような大きさの熱振動になっているかを表示する必要がある.この T の関数を実空間にフーリエ変換すると,原子の存在確率を表す関数となる.そこで,原子核の位置を中心にして一定の確率で存在する領域を描くと,楕円体で表される.通常は50％の確率を表している.

5.2 多重度と占有率

　構造因子の式は(2.31)式のように表せるが,温度因子も含めて指数と座標を

[†] このような理由で,温度因子という用語を使わず,**原子位置分散因子**(atomic displacement parameter)を使うべきだと提案されている.

5.2 多重度と占有率

入れて表すと，

$$F(h\,k\,l) = \sum_{j=1}^{n} f_j\left(\frac{\sin\theta}{\lambda}\right) T_j \exp\{2\pi i(hx_j + ky_j + lz_j)\} \quad (5.5)$$

となる．ここで和はすべての原子についてとる．対称心が存在すると，

$$F(h\,k\,l) = 2\sum_{j=1}^{n/2} f_j\left(\frac{\sin\theta}{\lambda}\right) T_j \cos\{2\pi(hx_j + ky_j + lz_j)\} \quad (5.6)$$

と表せる．もし対称心上に原子があると，この原子の寄与は $\sum$ の前に2倍がかかっているので，(5.6)式を使うとこの原子だけ2倍されたことになる．そこで，

$$F(h\,k\,l) = 2\sum_{j=1}^{n/2} m_j f_j\left(\frac{\sin\theta}{\lambda}\right) T_j \cos\{2\pi(hx_j + ky_j + lz_j)\} \quad (5.7)$$

として，対称心上の原子だけ m_j を 0.5 とし，他の原子は 1.0 としておけば，(5.6)式と同様な(5.7)式を使うことができる．この m_j のことを**多重度**(multiplicity)という．4回回転軸上に原子があれば，$m_j = 0.25$ となる．これは原子が1/4しか存在しないということではなく，構造因子の式を変形して対称操作で独立な原子だけ和をとることによって，対称操作上の原子は操作の数だけ余計に足し合わされるために，その分をあらかじめ少なくするという意味である．したがって，多重度は結晶の対称が決まれば自動的に決まる値である．

多重度と同じ変数として使われるが，**占有率**(occupancy factor)はまったく異なる物理的な意味を持つ量である．この変数は，その原子の位置に原子が実際どのくらい存在するかということを示している．もちろん原子が半分ということはありえないが，単位胞中の原子というのは全部の単位胞の同じ位置の原子の平均を表しているのであるから，平均として0.5しかないというのが，占有率0.5の意味するところである．したがって半分の単位胞にはその位置に何も無いということになる．もしその位置に原子がないという単位胞が1つおきに並んでいると，これは2つ合わせた単位胞を考えれば周期的に並んでいるので，格子を2倍にとることになる．この場合には，2倍にとる格子の方向で1/2の位置に回折斑点が観測されることで容易に区別される．もし1/2の回折斑点が現れないときは，ランダムに原子が抜けていて，平均すると半分がなく

なっていることを示している．溶媒分子の原子では m_j が1.0より小さいことがよくみられる．この値は固定されているわけではないので，最小二乗法で精密化される．

5.3 消衰効果

構造の精密化が進むと，低角度側で強度の大きな構造因子 $F_o(h\,k\,l)$ が計算値 $F_c(h\,k\,l)$ よりかなり小さな値になっている場合がある．このような場合は**消衰効果**(extinction effect)の影響を受けている可能性が高いので，その補正が必要となる．消衰効果には一次と二次がある．一次の消衰効果は，図5.1に示すように散乱されたX線が別の格子面でまた回折現象を起こすために，本来の回折強度を示さなくなる現象である．二次の消衰効果は，図5.2に示すように，入射X線が結晶の内側になるほど弱くなって本来の回折強度を示さなくなる現象である．

現実の結晶は多くの結晶欠陥やわずかなひび割れが生じていて，図5.3に示

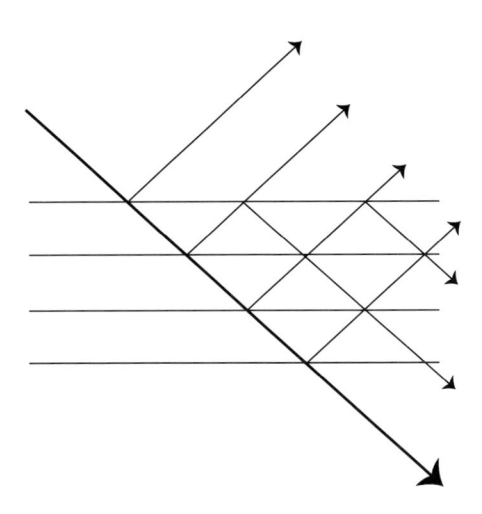

図5.1 一次の消衰効果
　　　　内部からの回折線がさらに回折を起こして
　　　　本来の回折方向に出てこない．

5.3 消衰効果

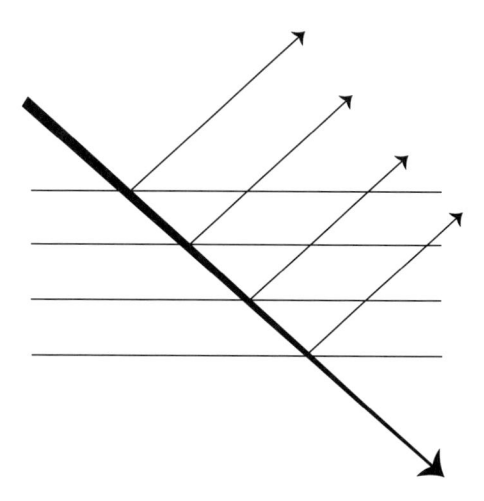

図 5.2 二次の消衰効果
表面から回折が起こるため結晶内部ほど入射光強度が弱まる．

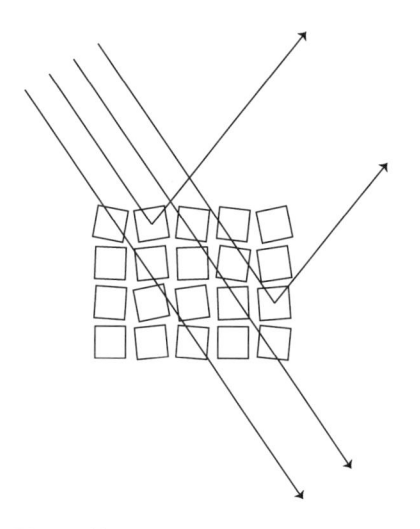

図 5.3 結晶のモザイク性
方位の異なる微小な結晶の集まり．

すようなモザイク状となっている．そのため，一次や二次の消衰効果はあまり問題にならない．このような結晶を**モザイク結晶**(mosaic crystal)といっている．このように格子面でたった1度だけ散乱すると仮定している散乱理論を**運動学的散乱**(kinematical scattering)といい，散乱強度$I(h\,k\,l)$は$|F(h\,k\,l)|^2$に比例する．しかし一次消衰効果の原因となる多数回の散乱が起こる場合を**動力学的散乱**(dynamical scattering)といい，$I(h\,k\,l)$は$|F(h\,k\,l)|$に比例するので運動学的散乱に比べると小さくなる．

しかし現実の結晶は図5.3のような完全なモザイク性でもなく，**完全結晶**(perfect crystal)とモザイク結晶の間にあるので，消衰効果の補正が必要となる．しかし一次の消衰効果と二次の消衰効果を分けることは不可能であるので，補正はまとめて行うことになる．SHELXLのプログラムでは，F_cが本来の値に補正されたF_c(corr)になると仮定して，F_c(corr)をF_oに等しいとして最小二乗計算でεの値を求めて，最後にこのεを(5.8)式に代入してF_oとしている．

$$F_c(\text{corr}) = F_c\left(1 + \frac{\varepsilon F_c^2 \lambda^3}{\sin 2\theta}\right)^{-1/4} \quad (5.8)$$

一般に，Mo K$_\alpha$線よりCu K$_\alpha$線の方が消衰効果は大きい．この効果を少なくするには，結晶を液体窒素の中に入れるとよい．多数のひび割れが生じて，消衰効果の影響が少なくなる．

5.4 二重散乱(レニンガー効果)

図5.4に示すように，ある格子面P_2で散乱されたX線が入射X線となって，別の格子面P_3で散乱されたX線が，たまたままったく別の格子面P_1で散乱されたX線と一致する場合がある．この場合は2つの回折が重なり合って，P_1だけの回折強度より強い散乱が観測される．このような散乱を**二重散乱**(double scattering)といい，このために強度が変化することを**レニンガー**(Renninger)**効果**という．一般には，一度散乱されたX線の強度は弱いので二度目の散乱強度は観測にはかからない程度であるが，格子面P_2とP_3の回折

図5.4 二重散乱の例

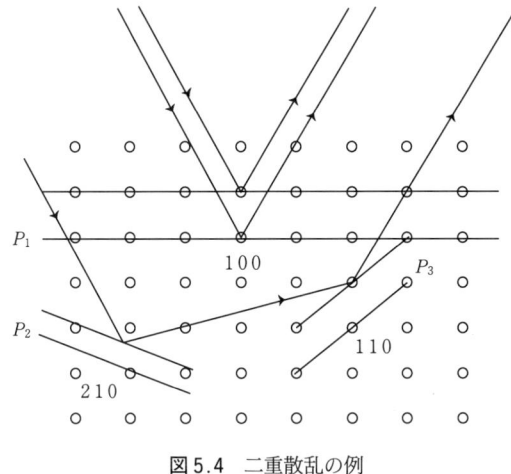

強度がたまたま非常に強い場合には格子面 P_1 の強度に影響することもある．その場合でも一般的には強度補正する必要はない程度であるが，消滅則で消えるべき反射がこの効果のために消えずに残ることがあり，空間群の判定を間違えるという重大な問題が起こる場合がある．とくにらせん対称の場合は消滅則で消える反射の数が少ないので，どれかの回折強度がゼロでないとらせん対称の存在を否定してしまうことになり，そのために空間群の判定を間違えて構造解析に失敗するということもあるので注意が必要である．

5.5　熱散漫散乱

X線の散乱強度は原子の熱振動によって大きな影響を受ける．その結果，等方的な熱振動をしている場合の原子散乱因子は，

$$f\left(\frac{\sin\theta}{\lambda}\right) = f\left(\frac{\sin\theta}{\lambda}\right) \times \exp\left(\frac{-8\pi^2 U \sin^2\theta}{\lambda^2}\right) \tag{5.9}$$

となって指数関数で減少する．結晶ではその他にもっと長周期の格子振動もある．図5.5に一次元の例で示すように，この場合には格子間隔が少しずつ異なることになるので，回折現象自体が満足しなくなって，図5.6に示すように，

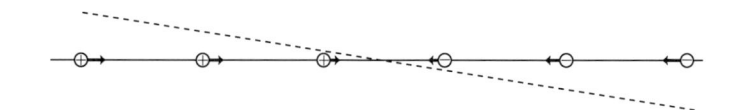

図 5.5　格子振動
各格子点では破線で示すような大きな周期で振動している．

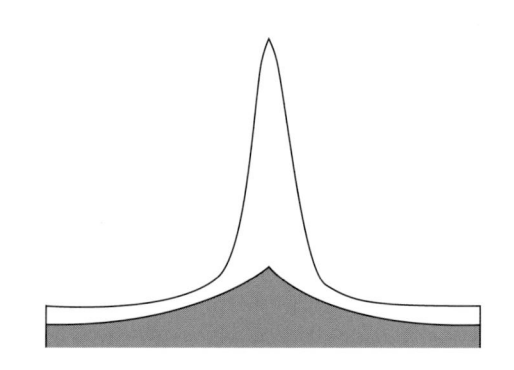

図 5.6　熱散漫散乱の例
ブラッグピークの周囲に強度分布が見られる．

通常の鋭い回折斑点（これを**ブラッグ斑点**（Bragg spot）という）の周りに裾野の広がったピークを与えることになる．このため，この回折点のバックグラウンドを異常に大きくしたことになり，ブラッグ斑点の強度を小さくすることになる．この効果は原子の座標にはあまり影響してこないが，この格子面上の原子の熱振動にはかなり影響する．

5.6　長周期構造

　結晶の単位胞が隣と少しずつ異なっているが，何番目かでは同じになるという構造がときどき現れる．図 5.7(a)には，x 軸方向に内部構造が異なっていて，4つごとに同じになる場合を描いてある．この場合の本当の周期は a であるが，$a/4$ の周期で構造がよく似ているために，大まかには図 5.7(b)のように4つの構造を平均した単位胞が $a/4$ の周期で並んでいるように見える．こ

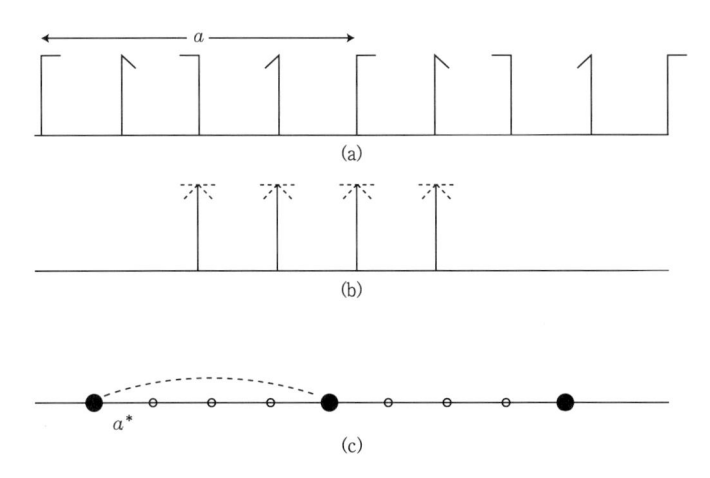

図 5.7 長周期構造の例
(a)各格子でわずかな構造の違いがあり，4周期ごとに同じ構造が現れる．(b)各格子を平均した構造，(c)平均構造に対応した4倍周期の強い回折と各格子の違いを反映した弱い回折が間に3つ現れる．

のときの a^* 軸方向の回折点は，図5.7(c)のように $4a^*$ 間隔で並んでいる．しかしその間に a^* の間隔で弱い回折点がある．これが真の格子 a に対応する回折点である．$4a^*$ 間隔の強い回折点の強度から平均構造が求められ，弱い a^* 間隔の回折点の強度からは平均構造からのずれが求められる．しかし後者の強度は小さいので，平均構造からのずれを求めることは一般的には非常に困難である．

5.7 積分強度

結晶からの回折X線は，散乱ベクトルから決められる厳密な一方向ではなく，その方向を中心にして角度分布を持っている．実際の結晶は格子欠陥などのために結晶格子の方位が一定ではなく，ある角度範囲で分布している．また入射X線が完全に平行ではなく，スリット系で決まる角度範囲で分布している．このため，散乱ベクトルから決められる回折角を θ_0，その角度近傍の回折強度を $R(\theta)$ とし，角度の拡がりを $\pm\varepsilon$ とすると，全回折強度 I は，

$$\mathrm{I} = \int_{-\varepsilon}^{+\varepsilon} \mathrm{R}(\theta)\,d\theta \tag{5.10}$$

と表せる．入射X線の強度をI_0とすると，

$$P = \frac{\mathrm{I}}{\mathrm{I}_0} \tag{5.11}$$

となり，これを**散乱能**(scattering power)という．結晶は充分小さくてモザイク状の**不完全結晶**(imperfect crystal)であって，入射X線のビームに完浴しているときは，

$$P = A\cdot V\cdot N^2\cdot \lambda^3\cdot F^2\cdot \frac{e^2}{mc^2}\cdot L\cdot p \tag{5.12}$$

と表される．AはX線の吸収因子，Vは結晶の体積，Nは単位体積中の単位胞の数，λは波長，Fは構造因子，Lはローレンツ因子，pは偏光因子である．波長を短くすると3乗で強度は減少する．結晶とX線の波長を決めると，V，N，λ，e^2/mc^2 は定数となるから，

$$P = \frac{\mathrm{I}}{\mathrm{I}_0} = K'\cdot A\cdot F^2\cdot L\cdot p \tag{5.13}$$

となり，

$$\mathrm{I} = K'\cdot \mathrm{I}_0\cdot A\cdot F^2\cdot L\cdot p \tag{5.14}$$

と表せる．しかしK'やI_0は求めることが難しいので，

$$\mathrm{I} = \frac{1}{C^2}\cdot A\cdot F^2\cdot L\cdot p \tag{5.15}$$

とし，最初はウィルソンの統計で $\frac{1}{C^2}$ の値を求め，その後は最小二乗法で C' の値を精密化している．

5.8 異常散乱と絶対構造

2.3節で述べたように，入射X線が結晶内の原子の内殻電子を効果的にたたき出すエネルギーを持つときは，異常散乱効果が現れて，原子散乱因子は虚数項を含むことになる．

$$f\left(\frac{\sin\theta}{\lambda}\right) = f_0\left(\frac{\sin\theta}{\lambda}\right) + f' + if'' \tag{5.16}$$

5.8 異常散乱と絶対構造

このような虚数項があると，フリーデル則 $|F(h\,k\,l)| = |F(\bar{h}\,\bar{k}\,\bar{l})|$ は成り立たなくなる．このことを利用すれば結晶の軸の正の向きが決定できるのではないかと考えられるが，1928年に西川らが閃亜鉛鉱 ZnS の結晶を使って実際に証明した．

閃亜鉛鉱の構造はダイヤモンドの構造と同じで，2つの面心立方格子からなっていて，一方の面心立方格子に Zn 原子があり，この面心立方格子を体対角方向に $(1/4, 1/4, 1/4)$ だけ移動させたところに S 原子がある構造である．したがって，Zn 原子と S 原子の独立な4つの座標は，

Zn：$(0, 0, 0)$；$(1/2, 1/2, 0)$；$(1/2, 0, 1/2)$；$(0, 1/2, 1/2)$

S：$(1/4, 1/4, 1/4)$；$(3/4, 3/4, 1/4)$；$(3/4, 1/4, 3/4)$；$(1/4, 3/4, 3/4)$

となる．そうすると，

$$\begin{aligned}
F(1\,1\,1) &= f_{Zn}\Big[\exp\{2\pi i(0+0+0)\} + \exp\Big\{2\pi i\Big(\frac{1}{2}+\frac{1}{2}+0\Big)\Big\} \\
&\quad + \exp\Big\{2\pi i\Big(\frac{1}{2}+0+\frac{1}{2}\Big)\Big\} + \exp\Big\{2\pi i\Big(0+\frac{1}{2}+\frac{1}{2}\Big)\Big\}\Big] \\
&\quad + f_S\Big[\exp\Big\{2\pi i\Big(\frac{1}{4}+\frac{1}{4}+\frac{1}{4}\Big)\Big\} + \exp\Big\{2\pi i\Big(\frac{3}{4}+\frac{3}{4}+\frac{1}{4}\Big)\Big\} \\
&\quad + \exp\Big\{2\pi i\Big(\frac{3}{4}+\frac{1}{4}+\frac{3}{4}\Big)\Big\} + \exp\Big\{2\pi i\Big(\frac{1}{4}+\frac{3}{4}+\frac{3}{4}\Big)\Big\}\Big] \\
&= 4f_{Zn} - 4if_S \tag{5.17}
\end{aligned}$$

となり，同様に計算すれば，

$$F(\bar{1}\,\bar{1}\,\bar{1}) = 4f_{Zn} + 4if_S \tag{5.18}$$

である．ここで，

$$f_{Zn} = f_{Zn}{}^0 + f_{Zn}' + if_{Zn}'' \tag{5.19}$$

$$f_S = f_S{}^0 + f_S' + if_S'' \tag{5.20}$$

とすると，

$$\begin{aligned}
F(1\,1\,1) &= 4(f_{Zn}{}^0 + f_{Zn}' + if_{Zn}'') - 4i(f_S{}^0 + f_S' + if_S'') \\
&= 4(f_{Zn}{}^0 + f_{Zn}' + f_S'') - 4i(f_S{}^0 + f_S' - f_{Zn}'') \tag{5.21}
\end{aligned}$$

$$F(\bar{1}\,\bar{1}\,\bar{1}) = 4(f_{Zn}{}^0 + f_{Zn}' + if_{Zn}'') + 4i(f_S{}^0 + f_S' + if_S'')$$

$$= 4(f_{zn}^0 + f_{zn}' - f_s'') + 4i(f_s^0 + f_s' + f_{zn}'') \quad (5.22)$$

となる．この結果，回折強度 $I(h\,k\,l)$ は

$$I(1\,1\,1) = 16(f_{zn}^0 + f_{zn}' + f_s'')^2 + 16(f_s^0 + f_s' - f_{zn}'')^2 \quad (5.23)$$

$$I(\overline{1}\,\overline{1}\,\overline{1}) = 16(f_{zn}^0 + f_{zn}' - f_s'')^2 + 16(f_s^0 + f_s' + f_{zn}'')^2 \quad (5.24)$$

と表せる．ここで，異常散乱項の虚数項 f'' がゼロなら，

$$I(1\,1\,1) = I(\overline{1}\,\overline{1}\,\overline{1}) = 16(f_{zn}^0 + f_{zn}')^2 + 16(f_s^0 + f_s')^2 \quad (5.25)$$

であるが，ゼロでなければ，

$$I(1\,1\,1) \neq I(\overline{1}\,\overline{1}\,\overline{1}) \quad (5.26)$$

となる．西川らは，Zn の K 吸収端に近いタングステンからの X 線 W L_{β_1} を使うと f_s'' はほとんど無視できる値であるが，f_{zn}'' が正の大きな値になるので，$I(1\,1\,1) < I(\overline{1}\,\overline{1}\,\overline{1})$ となって強度が異なることを証明した．

このことをさらにコスター(D. Coster)らが 1930 年に定量的に示した．彼らは表面(1 1 1)は Zn に，裏面($\overline{1}\,\overline{1}\,\overline{1}$)は S になるように ZnS の結晶を切り出して，図5.8のような回折強度 $I(1\,1\,1)$ と $I(\overline{1}\,\overline{1}\,\overline{1})$ を W L_{β_2}，W L_{β_3}，Au L_{α_1}，W L_{β_1}，Au L_{α_2} と波長を変えて測定した．また圧電現象を利用して，光沢のある面が S の面で，光沢のない面が Zn 面であることを観察した結果，X 線で決定した(1 1 1)面と($\overline{1}\,\overline{1}\,\overline{1}$)面の違いと一致した．

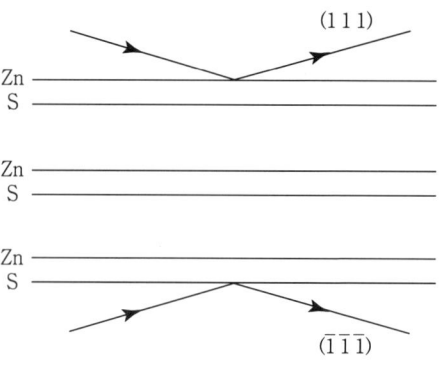

図5.8 ZnS の(1 1 1)面からの回折と($\overline{1}\,\overline{1}\,\overline{1}$)面からの回折

5.8 異常散乱と絶対構造

このように結晶軸の向きが異常散乱効果から決められるのであるから，異常散乱効果を利用すれば結晶内の分子の**絶対構造**(absolute structure)が決められると推論することはそれほど難しいことではない．化学的には分子の絶対構造を決めるということが非常に重要な概念であったにもかかわらず，実際には21年後の1949年にオランダのバイフット(J. M. Bijvoet)がようやく気づいたのである．このようにして決めた不斉炭素の絶対構造は，1900年に有機化学者のフィッシャー(E. Fisher)が仮に決めた絶対構造と一致していた(118頁のコラム参照)．

簡単のため，分子の中のM原子のみ異常散乱効果を示すとしよう．すなわち，

$$f_M = f_M^0 + f_M' + if_M'' \tag{5.27}$$

となる．構造因子$F(h\,k\,l)$と$F(\bar{h}\,\bar{k}\,\bar{l})$は次式のように表される．

$$\begin{aligned}
F(h\,k\,l) &= \sum_{j=1}^{n-1} f_j \exp\{2\pi i(hx_j + ky_j + lz_j)\} \\
&\quad + f_M \exp\{2\pi i(hx_M + ky_M + lz_M)\} \\
&= \left[\sum_{j=1}^{n-1} f_j \cos\{2\pi(hx_j + ky_j + lz_j)\}\right. \\
&\quad \left. + f_M \cos\{2\pi(hx_M + ky_M + lz_M)\}\right] \\
&\quad + i\left[\sum_{j=1}^{n-1} f_j \sin\{2\pi(hx_j + ky_j + lz_j)\}\right. \\
&\quad \left. + f_M \sin\{2\pi(hx_M + ky_M + lz_M)\}\right]
\end{aligned} \tag{5.28}$$

ここで，簡単のため$f_M = f_M + if_M''$とすると，

$$\begin{aligned}
F(h\,k\,l) &= \left[\sum_{j=1}^{n-1} f_j \cos\{2\pi(hx_j + ky_j + lz_j)\}\right. \\
&\quad \left. - f_M'' \sin\{2\pi(hx_M + ky_M + lz_M)\}\right] \\
&\quad + i\left[\sum_{j=1}^{n-1} f_j \sin\{2\pi(hx_j + ky_j + lz_j)\}\right. \\
&\quad \left. + f_M'' \cos\{2\pi(hx_M + ky_M + lz_M)\}\right]
\end{aligned} \tag{5.29}$$

となり，同様にして，

$$
\begin{aligned}
F(\bar{h}\,\bar{k}\,\bar{l}) &= \Big[\sum_{j=1}^{n-1} f_j \cos\{2\pi(hx_j + ky_j + lz_j)\} \\
&\quad + f_M'' \sin\{2\pi(hx_M + ky_M + lz_M)\}\Big] \\
&\quad - i\Big[\sum_{j=1}^{n-1} f_j \sin\{2\pi(hx_j + ky_j + lz_j)\} \\
&\quad - f_M'' \cos\{2\pi(hx_M + ky_M + lz_M)\}\Big]
\end{aligned}
\tag{5.30}
$$

と表せる．さらにこの式から，

$$
\begin{aligned}
I(h\,k\,l) &= \Big[\sum_{j=1}^{n-1} f_j \cos\{2\pi(hx_j + ky_j + lz_j)\} \\
&\quad - f_M'' \sin\{2\pi(hx_M + ky_M + lz_M)\}\Big]^2 \\
&\quad + \Big[\sum_{j=1}^{n-1} f_j \sin\{2\pi(hx_j + ky_j + lz_j)\} \\
&\quad + f_M'' \cos\{2\pi(hx_M + ky_M + lz_M)\}\Big]^2
\end{aligned}
\tag{5.31}
$$

$$
\begin{aligned}
I(\bar{h}\,\bar{k}\,\bar{l}) &= \Big[\sum_{j=1}^{n-1} f_j \cos\{2\pi(hx_j + ky_j + lz_j)\} \\
&\quad + f_M'' \sin\{2\pi(hx_M + ky_M + lz_M)\}\Big]^2 \\
&\quad + \Big[\sum_{j=1}^{n-1} f_j \sin\{2\pi(hx_j + ky_j + lz_j)\} \\
&\quad - f_M'' \cos\{2\pi(hx_M + ky_M + lz_M)\}\Big]^2
\end{aligned}
\tag{5.32}
$$

となり，

$$
I(h\,k\,l) \ne I(\bar{h}\,\bar{k}\,\bar{l}) \tag{5.33}
$$

となる．もし異常散乱効果の虚数項 $f_M'' = 0$ ならば，

$$
\begin{aligned}
I(h\,k\,l) = I(\bar{h}\,\bar{k}\,\bar{l}) &= \Big[\sum_{j=1}^{n} f_j \cos\{2\pi(hx_j + ky_j + lz_j)\}\Big]^2 \\
&\quad + \Big[\sum_{j=1}^{n} f_j \sin\{2\pi(hx_j + ky_j + lz_j)\}\Big]^2
\end{aligned}
\tag{5.34}
$$

5.8 異常散乱と絶対構造

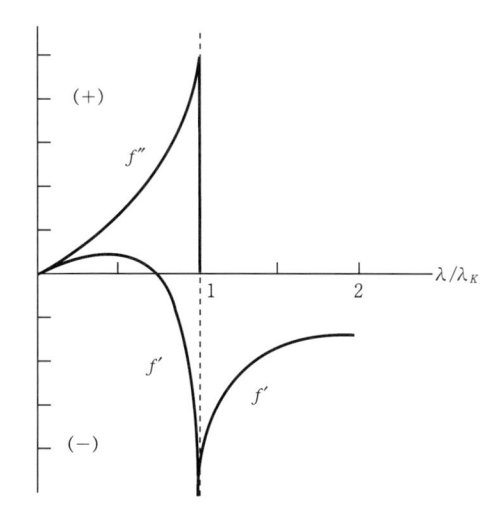

図 5.9 異常散乱項 f' と f'' の波長依存性
λ_K は異常散乱極大の波長.

である．また f_M'' が大きい方が $I(h\,k\,l)$ と $I(\bar{h}\,\bar{k}\,\bar{l})$ の差が大きいので区別しやすい．図 5.9 に f'' の大きさと波長の関係を示す．

以前は解析終了後，$I_o(h\,k\,l)$ と $I_o(\bar{h}\,\bar{k}\,\bar{l})$ の差の大きな数個の回折点を同じフィルム上に記録して大小関係を確かめ，大小関係が計算値と一致していればそのままの座標であるが，逆転していると，x, y, z の座標を $\bar{x}, \bar{y}, \bar{z}$ に置き換える方法をとっていた．この結果，結晶の左手系と右手系は反転し，分子の不斉も反転する．しかし次章で述べるように，最近は最小二乗法の計算の途中で判定している．

絶対構造を決めたバイフット

バイフットは1892年オランダに生まれた．アムステルダム市立大学を卒業して，1939年からユトレヒト大学教授となった．1949年，X線の異常散乱効果を利用すれば分子の絶対構造が決定されることに気づいた．そこで，酒石酸のナトリウムルビジウム塩の結晶の絶対構造を決定し，酒石酸陰イオンの絶対構造を明らかにした．この結晶はその100年前に，フランスのパスツール(L. Pasteur)により，結晶の外形を顕微鏡で観察して右晶と左晶を分けてそれぞれ溶媒に溶かすと旋光度が逆になるという有名な実験に使われた結晶と同じ種類の結晶である．

酒石酸の結晶が旋光度を示す理由は，この分子が不斉炭素を持ち，不斉炭素に結合した4つの置換基が鏡像関係にあるためであることがその後明らかになった．1900年，糖類の研究で有名なフィッシャーが，不斉炭素の絶対構造を区別するために，図のように定義した．この定義によれば，グリセリンアルデヒド（Ⅰ）は不斉炭素を1個持つが，この分子を（Ⅱ）のように描いたとき，正の旋光度を示すD型のグリセリンアルデヒドはOHが右側にあるものとし，負の旋光度

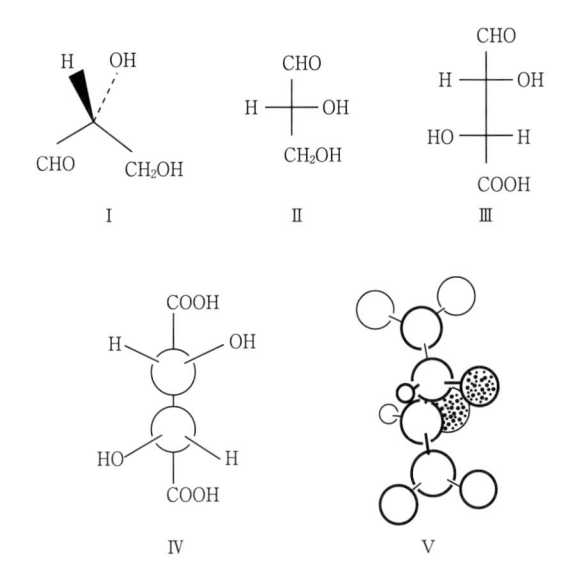

図　酒石酸の絶対構造のフィッシャーの定義とバイフットの実験結果

5.8 異常散乱と絶対構造

を示すL型のグリセリンアルデヒドはOHが左側にあるものとしている．D型のグリセリンアルデヒドの構造から誘導される酒石酸(III)はD型酒石酸であり，立体的に描くと(IV)となる．バイフットが実際に正の旋光度を示すD型酒石酸の結晶の絶対構造を決定すると(V)となり，幸運なことにフィッシャーの定義と一致していた．これが逆だと非常に面倒なことになっていた．電気は正極から負極に流れると定義した後に電子の正体が明らかになったため，実際には電子が負極から正極に流れるという厄介なことになり，電気工学と物理学では異なる定義を使うことになっている．もしバイフットの実験で逆になっていたら，有機化学では立体構造はD型としているが，X線で構造決定した実際の構造はL型であるといわなければならなかったのである．

　有機化学の研究者には絶対構造を訂正しなくても通用することになって幸運であったが，そのために絶対構造を実験的に決められることの重大さが忘れられて，長らく有機化学の教科書ではフィッシャーの定義で決められると記述され，読者に誤解されることが多かった．バイフットの実験そのものは難しいものではなかったが，不斉炭素の絶対構造の決定という仕事は化学における非常に重要な発見であった．サリドマイドは催眠剤として優れた性質を持っていたが，医薬品としては光学分割せずにラセミ体として販売されたため，催眠剤の鏡像体が悲惨な結果を引き起こしたのである．このことは，分子の絶対構造に対する認識が乏しかったために引き起こされた悲しい事実である．バイフットはその後国際結晶学連合の会長などを務め，1980年88歳で亡くなった．

　なお，バイフットの論文を読んで，すぐに錯体の絶対構造の決定に応用し，今日の錯体化学の基礎を確立したのは斉藤喜彦である．1952年のことであった．

第6章 構造の精密化

位相を決定できれば，その位相を実測の構造因子に与えて電子密度を計算すると，そのピーク位置から各原子の座標が求められる．この座標値を使って計算した構造因子を $F_c(h\,k\,l)$，実測の構造因子 $F_o(h\,k\,l)$ に最もよく一致するように**最小二乗法**(least-squares method)で精密化する．しかし最小二乗法による精密化ですべてが解決するものではないことに注意しなければならない．まず結晶の絶対構造の決定がある．実測の構造因子からは $F(h\,k\,l)$ と $F(\bar{h}\,\bar{k}\,\bar{l})$ の区別がつかないので，x, y, z と $\bar{x}, \bar{y}, \bar{z}$ とした鏡像体の構造を区別できない．つまり，結晶が右手系か左手系かの区別がつかず，分子の R 体と S 体の区別がつかないことを意味している．この区別には回折強度の異常散乱現象を利用することが不可欠である．次に，構造に乱れがあると，多数成分の方は構造が決められるが，少数成分の構造は見逃されることがある．さらに，結晶によっては一見すると高い対称を持つ構造に見えるが，実際にはその対称を持たないという偽対称の問題がある．これらは実験者が最小二乗計算の過程で注意しないと見逃しやすい問題であり，間違った構造解析の原因となる．

6.1 最小二乗法

構造因子の式は，

$$F_c(h\,k\,l) = \sum_{j=1}^{n} m_j\, f_j\, T_j \exp\{2\pi i(hx_j + ky_j + lz_j)\} \quad (6.1)$$

と表される．ここで変数をすべて p_j と表すと，変数 p_j は各原子で占有率1個と異方性温度因子6個と座標3個の計10個あるので，全原子 N 個では $10N$ 個となる．この変数 p_j が行ベクトル $\boldsymbol{P}$ の成分とすると，

$$\boldsymbol{P} = (p_1, p_2, p_3, \cdots, p_{10N}) \quad (6.2)$$

6.1 最小二乗法

$$\mathrm{F_c}(h\,k\,l) = \mathrm{F_c}(\boldsymbol{P}) \tag{6.3}$$

$\mathrm{F_c}(\boldsymbol{P})$ は $\boldsymbol{P}$ の一次関数ではないので，近似値 $\boldsymbol{P}_0$ の近辺で関数を展開して一次の項 $\varDelta \boldsymbol{P}$ まで含めると，

$$\mathrm{F_c}(\boldsymbol{P}) \fallingdotseq \mathrm{F_c}(\boldsymbol{P}_0) + \sum_{j=1}^{10N}\left\{\frac{\partial \mathrm{F_c}(\boldsymbol{P})}{\partial p_j}\right\}_{\boldsymbol{P}=\boldsymbol{P}_0}\varDelta p_j \tag{6.4}$$

$\mathrm{F_c}(\boldsymbol{P})$ の式は指数関数であるから，二次以上の項もまだかなり大きいので，この近似はあまりよくない．そのため，初期モデル $\boldsymbol{P}_0$ が真の値に近くないと最小二乗計算で収束しない．また，収束するまでに何回も最小二乗計算を繰り返す必要があることを示している．

最小二乗計算では，残差 $\sum\{|\mathrm{F_o}(h\,k\,l)|-|\mathrm{F_c}(h\,k\,l)|\}^2$ を最小にすることであるが，各構造因子の測定値が同じ精度ではないので，

$$R_{\mathrm{res}} = \sum_{hkl}^{\mathrm{all\ data}} w(h\,k\,l)\{|\mathrm{F_o}(h\,k\,l)|-|\mathrm{F_c}(h\,k\,l)|\}^2 \tag{6.5}$$

が最小になるようにしている．ここで，$w(h\,k\,l)$ は**重み**(weight)といって，各構造因子の確かさに応じた係数である．実測値には尺度因子が掛けられているが，この値もウィルソン統計から求められた値では粗いので，(6.5)式の代わりに，

$$R_{\mathrm{res}} = \sum_{hkl} w(h\,k\,l)\{|\mathrm{F_o}(h\,k\,l)|-C|\mathrm{F_c}(h\,k\,l)|\}^2 \tag{6.6}$$

を最小にする．C の最適値も最小二乗計算で求める．

(6.6)式の値を最小にするのであるから，R_{res} の最小値の近辺では，各変数について微分した値は極小値となっているはずである．つまり，

$$\frac{\partial R_{\mathrm{res}}}{\partial p_j} = 0 \tag{6.7}$$

である．(6.4)式から，$\boldsymbol{P}=\boldsymbol{P}_0$ 近辺では，

$$\mathrm{F_c}(\boldsymbol{P}) = \mathrm{F_c}(\boldsymbol{P}_0) + \sum_{i=1}^{10N}\left\{\frac{\partial \mathrm{F_c}(\boldsymbol{P})}{\partial p_i}\right\}_{\boldsymbol{P}=\boldsymbol{P}_0}\varDelta p_i \tag{6.8}$$

と表して，(6.6)と(6.7)式に代入すると次式のようになる．

$$\sum_{j=1}^{10N}\left[w(h\,k\,l)\left\{|\mathrm{F_o}(h\,k\,l)|-C|\mathrm{F_c}(\boldsymbol{P}_0)|-C\left(\sum_{i=1}^{10N}\left\{\frac{\partial \mathrm{F_c}(\boldsymbol{P})}{\partial p_i}\right\}_{\boldsymbol{P}=\boldsymbol{P}_0}\right)\right\}\right.$$

$$\times \Delta p_i \left\{ \frac{\partial \mathrm{CF_c}(\boldsymbol{P})}{\partial p_j} \right\}_{\boldsymbol{P}=\boldsymbol{P}_0} \right] = 0 \qquad (6.9)$$

この式を変形すると，

$$\sum_{i=1}^{10N} w(h\ k\ l) \left\{ \frac{\partial \mathrm{CF_c}(\boldsymbol{P})}{\partial p_j} \right\}_{\boldsymbol{P}=\boldsymbol{P}_0} \left\{ \frac{\partial \mathrm{CF_c}(\boldsymbol{P})}{\partial p_i} \right\}_{\boldsymbol{P}=\boldsymbol{P}_0} \Delta p_i$$

$$= \sum_{i=1}^{10N} w(h\ k\ l) \{|\mathrm{F_o}(h\ k\ l)| - C|\mathrm{F_c}(\boldsymbol{P}_0)|\} \left\{ \frac{\partial C\ \mathrm{F_c}(\boldsymbol{P})}{\partial p_i} \right\}_{\boldsymbol{P}=\boldsymbol{P}_0}$$

$$(6.10)$$

となる．この式は変数 Δp_i の式であるが，この中には変数 j について 1 から $10N$ までの項がある．その他に尺度因子 C もある．またこの式は変数 Δp_i について i が 1 から $10N+1$ 個まである．したがって，左辺の偏微分した値は変数 p_i と p_j を行と列とする行列 M を表し，右辺は行ベクトル N を表しているので，次式のように表せる．

$$[\{M\}_{\boldsymbol{P}=\boldsymbol{P}_0}] \Delta \boldsymbol{P} = \{\boldsymbol{N}\}_{\boldsymbol{P}=\boldsymbol{P}_0} \qquad (6.11)$$

ここで行列 M の i 行 j 列成分を $\{M\}_{ij}$ とし，列ベクトル $\{N\}$ の i 番目の成分を $\{N\}_i$ とすると，

$$\{M\}_{ij} = \sum w(h\ k\ l) \left(\frac{\partial C\ \mathrm{F_c}(\boldsymbol{P})}{\partial p_j} \right)_{p_j=p_{j0}} \left(\frac{\partial C\ \mathrm{F_c}(\boldsymbol{P})}{\partial p_i} \right)_{p_i=p_{i0}} \qquad (6.12)$$

$$\{N\}_i = \sum w(h\ k\ l) \{|\mathrm{F_o}(h\ k\ l)| - |\mathrm{F_c}(h\ k\ l)|\} \left(\frac{\partial C\ \mathrm{F_c}(\boldsymbol{P})}{\partial p_i} \right)_{p_j=p_{j0}}$$

$$(6.13)$$

(6.11)式の両辺に $\{M\}_{\boldsymbol{P}=\boldsymbol{P}_0}$ の逆行列 $\{M^{-1}\}_{\boldsymbol{P}=\boldsymbol{P}_0}$ を左側から掛けると，

$$\Delta \boldsymbol{P} = \{M^{-1}\}_{\boldsymbol{P}=\boldsymbol{P}_0} \{\boldsymbol{N}\}_{\boldsymbol{P}=\boldsymbol{P}_0} \qquad (6.14)$$

と表せる．この値を元の変数値に加えて，新しい変数値 $\boldsymbol{P}_{\mathrm{new}}$ とする．

$$\boldsymbol{P}_{\mathrm{new}} = \boldsymbol{P}_0 + q\Delta \boldsymbol{P} \qquad (6.15)$$

ここで q は，修正値 $\Delta \boldsymbol{P}$ を大きくしたり小さくしたりして，最小二乗計算の収束を速めたり遅くしたりするための**調節因子**(damping factor)である．最初の段階では 1 以上の調節因子を使って収束を速くし，収束してきたら 1 以下にして効果的に収束させる方法が取られている．この新しい変数値 $\boldsymbol{P}_{\mathrm{new}}$ を $\boldsymbol{P}_0$ として再度上記の計算を繰り返し，修正値 $\Delta \boldsymbol{P}$ が充分小さくなったとき，収

6.1 最小二乗法

束したという．

このときの変数の**標準偏差** (standard deviation) を $\sigma(p_j)$ とすると，

$$\sigma(p_j) = \left[\frac{\{M^{-1}\}_{jj}\sum w(h\,k\,l)\{|\mathrm{F_o}(h\,k\,l)| - C|\mathrm{F_c}(h\,k\,l)|\}^2}{n-m}\right]^{1/2}$$
(6.16)

n は計算に使った実測の構造因子の数であり，m は変数の数である．

ここで分母が $n-m$ となっている理由であるが，n 個の実測値に対して，変数が m 個あるので，少なくとも m 個については自由度がない．つまり一義的に決まってしまうので，偏差という量が出てこない．m 個のデータから m 個の変数を求めた場合を考えれば分かるであろう．

また **S 値** (goodness of fit) という変数も計算する．これは重みをつけたことによってどの程度収束した変数が実測値を修正するのに適しているかの目安となり，

$$S = \left[\frac{\sum_{hkl}[\{|\mathrm{F_o}(h\,k\,l)| - C|\mathrm{F_c}(h\,k\,l)|\}/\sigma(h\,k\,l)]^2}{n-m}\right]^{1/2} \quad (6.17)$$

ここで，$\mathrm{F_o}(h\,k\,l) - C\mathrm{F_c}(h\,k\,l)$ は $\sigma(h\,k\,l)$ に近いので，S は 1 に近い値になればよい．

ここまでは (6.6) 式を最小にする計算を行ってきたが，最近は (6.6) 式の代わりに次の式を最小にする．

$$R_{\mathrm{res}} = \sum_{hkl} w(h\,k\,l)\{\mathrm{F_o}(h\,k\,l)^2 - C\mathrm{F_c}(h\,k\,l)^2\}^2 \quad (6.18)$$

実測値は強度 $\mathrm{I}(h\,k\,l)$ で $\mathrm{F}(h\,k\,l)^2$ に比例するから，本来はこの方が正しいのであるが，計算式が複雑であり，計算時間が長くなるために，(6.6) 式が便宜的に使われてきたのである．(6.6) 式を使った場合の問題点としては，数多くある $|\mathrm{F}(h\,k\,l)|$ の小さいデータをどのように扱うかということがある．すべてを最小二乗計算に含めると，誤差の多いこれらの構造因子の影響を受けて構造に歪みが生じるので，たとえば $\mathrm{F}(h\,k\,l) > 3\sigma\{\mathrm{F}(h\,k\,l)\}$ などの条件を満たす構造因子のみを計算に含めてきた．このことは，これらの構造因子が小さい値であるという重要な情報を切り捨ててきたことと，$\mathrm{F}(h\,k\,l) > 3\sigma\{\mathrm{F}(h\,k\,l)\}$

を満足する構造因子が少なくなるために，少ないデータに依存した誤差を必然的に大きくしたことがある．$I_o(h\,k\,l)$がマイナスになるデータも含めたすべての$F(h\,k\,l)^2$を含めて，(6.18)式を最小にする計算を行う方が適当である．普通の結晶では，(6.6)式を最小にしても(6.18)式を最小にしても本質的な構造の差はみられないが，乱れた構造を精密化する場合や異方性温度因子の値を比べると，明らかに全データを入れた(6.18)式の方が化学的に妥当な値を与えるようである．

6.2 信頼度因子

収束した後に求められた座標や温度因子がどの程度よく実測値と一致しているかという**信頼度因子**(reliability factor) R を計算する．これまでは，

$$R = \frac{\sum_{hkl}||F_o(h\,k\,l)| - C|F_c(h\,k\,l)||}{\sum|F_o(h\,k\,l)|} \tag{6.19}$$

としていたが，この場合の和は全構造因子ではなく，$F_o(h\,k\,l) > 3\sigma\{F(h\,k\,l)\}$の条件を満たす構造因子に限られている．次の**重みつきの信頼度因子** wR で収束の程度を知ることができる．

$$wR = \left[\frac{\sum_{hkl} w(h\,k\,l)(|F_o(h\,k\,l)| - C|F_c(h\,k\,l)|)^2}{\sum_{hkl} w(h\,k\,l)|F_o(h\,k\,l)|^2}\right]^{1/2} \tag{6.20}$$

$F_o(h\,k\,l)^2$について最小二乗計算を行った場合は，次式のようになる．

$$wR_2 = \left[\frac{\sum_{hkl} w(h\,k\,l)(F_o(h\,k\,l)^2 - CF_c(h\,k\,l)^2)^2}{\sum_{hkl} w(h\,k\,l) F_o(h\,k\,l)^4}\right]^{1/2} \tag{6.21}$$

精密化がうまく進んだときは，R と wR は 0.05 以下になり，wR_2 は 0.15 以下になる．なお，まったくランダムな構造の場合は，R 値は対称心を持つ空間群では 0.83 となり，対称心を持たない空間群では 0.59 となる．

6.3 構造因子の重み

統計論からは，実測値$F_o(h\,k\,l)$の標準偏差を$\sigma\{F_o(h\,k\,l)\}$とすると，

$|F_o(h\,k\,l) - F_c(h\,k\,l)|$ は $\sigma\{F_o(h\,k\,l)\}$ に近いから,

$$w(h\,k\,l) = \frac{1}{\sigma^2\{F_o(h\,k\,l)\}} \tag{6.22}$$

でよいが,大きな $F_o(h\,k\,l)$ には様々な誤差が含まれているので,

$$w(h\,k\,l) = \frac{1}{\sigma^2\{F_o(h\,k\,l)\} + aF_o(h\,k\,l)^2} \tag{6.23}$$

として,a の最適値も最小二乗計算で求めている。プログラムによっては,次の式が使われている.

$$w(h\,k\,l) = \frac{1}{\sigma^2\{F_o(h\,k\,l)\} + (aP)^2 + bP} \tag{6.24}$$

ここで P は,

$$P = \frac{1}{3}\max\{0, F_o(h\,k\,l)^2\} + \frac{2}{3}F_c(h\,k\,l)^2 \tag{6.25}$$

である[†]. a や b の値は最小二乗計算の中で最適値を求める.最初は重みを 1 として,収束が進んだ段階からこのような重みを入れないと,収束の具合が悪くなる.

6.4 絶対構造の決定

5.8 節に従って絶対構造を決定するのが正しいが,最近では回折データの精度が向上したことと,最小二乗計算が比較的容易にできるために,最小二乗計算の過程で次式を使って絶対構造を自動的に判定している.

$$|F(h\,k\,l,\chi)|^2 = (1-\chi)|F(h\,k\,l)|^2 + \chi|F(\bar{h}\,\bar{k}\,\bar{l})|^2 \tag{6.26}$$

この変数 χ を最小二乗計算の過程で精密化する.その結果,χ が 0 ならそのままの座標でいいが,χ が 1 なら x, y, z の符号を反転する.この変数 χ のことを,提案したフラック(Flack)の名をとってフラックのパラメータという.通常 χ は 0.1 以下あるいは 0.9 以上で判断する.結晶が対称心を持つと,$F(h\,k\,l)$ と $F(\bar{h}\,\bar{k}\,\bar{l})$ は同じになるので,χ の値は意味を持たない.

[†] 第 1 項は 0 と $F_o(h\,k\,l)^2$ の大きな方をとるということで,$F_o(h\,k\,l)^2$ が負になったものは 0 とするという意味である.

6.5 偽対称と乱れた構造

最小二乗法の計算は非常に便利であり,構造の精密化の過程では必ず使われている.しかし最小二乗法があらゆる場合に適用されるということはできない.(6.14)式で表されているように,修正値 ΔP を求めるには行列 M の逆行列 M^{-1} が必要であるが,この逆行列は,

$$\{M^{-1}\}_{ij} = \frac{\{M'\}_{ij}}{|M|} \tag{6.27}$$

と表される.ここで,$\{M'\}_{ij}$ は $\{M\}_{ij}$ の余因子である.

この式で分母に行列式 $|M|$ が入ってくる.$|M|$ がゼロのときは,$\{M^{-1}\}_{ij}$ は無限大となり,修正値が計算できないで発散してしまう.行列式 $|M|$ がゼロになるというのは,数学的にいうと,行列 M のある行の要素 (M_{ij}; $j = 1, \cdots, m$) と別の行の要素 ($M_{i'j}$; $j = 1, \cdots, m$) がすべて同じになるか,行列 M のある列の要素,(M_{ij}; $i = 1, \cdots, m$) と別の列の要素 ($M_{ij'}$; $i = 1, \cdots, m$) がすべて同じになるかである.つまり,ある行か列のすべての要素が別の行か列の要素と同じになるときである.同じでなくても,似通った値のときは $|M|$ はゼロに近くなり,修正値は非常に大きくなる.このことは,2 つの変数 p_i と p_j が非常に近い値を持つときに対応している.実際の構造解析では,乱れた構造で 2 つの原子が近い位置にある場合や,真の対称はないが,もしその対称があれば 2 つの原子が近い位置に移ってきてしまう場合,つまり**偽対称**(false symmetry)が対応している.2 つの変数の間にどのくらい深い関係があるかを示す目安として p_i と p_j の相関係数 (p_{ij}) がある.

$$p_{ij} = \frac{\{M^{-1}\}_{ij}}{\{M^{-1}\}_{ii}\{M^{-1}\}_{jj}} \tag{6.28}$$

この値が 1.000 に近いときは非常に大きな相関があるということで,最小二乗計算はうまく進行しない.

このようなときの対処法はいろいろ提案されているが,分子の一部や全体を剛体と考えて個々の原子を精密化しないというのが最も適している.この方法を,**固い束縛条件を課した精密化**(constrained refinement)という.そうする

と,精密化する変数が原子団の位置関係となるから,行列式がゼロになることはない.ベンゼン環やメチル基などが原子団として精密化されるプログラムが用意されているが,それ以外の場合には独自に式を立てて精密化するプログラムを作る必要がある.

もう少し簡便な方法として,束縛条件をつけた最小二乗計算が提案されている.(6.6)式を最小にする関数を,次の式のように,ある原子間の結合を標準値に合わせるという束縛条件を課して最小二乗計算をすることである.

$$R_{\text{res}} = \sum_{hkl} w(h\,k\,l)\{|F_o(h\,k\,l)|^2 - C|F_c(h\,k\,l)|^2\}^2 + \sum_{hkl} w_j(l_{o,j} - l_{c,j})^2 \tag{6.29}$$

この式で, $l_{o,j}$ は標準値として近づけたい原子間距離で, $l_{c,j}$ は最小二乗計算前のこの原子間距離の長さである. w_j はこの束縛条件にどの程度束縛するかの度合いを示す重みで,大きくするほど強い束縛条件となる.この方法を**軟らかい束縛条件を課した精密化**(restrained refinement)という.

6.6 最小二乗計算を行う上での注意
6.6.1 収束の条件

最小二乗計算で計算に含めた構造因子の数 N_F と精密化する変数の数 N_P の比, N_F/N_P は変数の収束した値に影響する.この比が小さいと,測定値の誤差が変数の収束値に影響しやすくなる.そこで,充分高角度の回折角まで測定し,その回折角までの構造因子はほぼ完全に測定できたとして,小さい測定値も残さず計算に含めることとする.そうすると,この比は10以上になるはずである.精密化が成功して収束したという条件は,6.1節で述べたように, R 値が充分小さくなることの他に,各変数について最後の最小二乗計算での修正値 $\varDelta$ とその変数の標準偏差 σ を計算して, $\varDelta/\sigma$ の値が0.1以下になることが必要である.

6.6.2 D-フーリエ図

精密化がある程度進んだ状態で,現在求められている構造がどの程度実測の

回折強度を説明できるかを示す目安として，**D-フーリエ図**(difference Fourier map)がある．これは(2.53)式のフーリエ変換する関数をF(hkl)から$\{F_o(hkl) - F_c(hkl)\}$に置き換えた次の式で表される．

$$\rho(x,y,z) = \frac{1}{V}\sum_h\sum_k\sum_l\{F_o(hkl) - F_c(hkl)\}$$
$$\exp\{-2\pi i(hx + ky + lz)\} \qquad (6.30)$$

この式の形から分かるように，水素原子や溶媒分子などでまだ計算に含めていない原子があれば，正の山が現れる．また間違った位置に原子を置いている場合には負の谷が現れる．とくに乱れた構造があると，計算に含めている原子のすぐそばに山が現れる．精密化が正しく行われていれば，軽い原子のみからなる結晶では，$\pm 0.1 \sim \pm 0.3\,e\text{Å}^{-3}$程度の山か谷が残る程度である．しかし，重原子から$0.6 \sim 1.2\,\text{Å}$離れたところに，(重原子の電子数/10)$e\text{Å}^{-3}$程度の正の大きな山が現れることが多い．これは**級数打ち切りの誤差**(summation terminated error)といって，フーリエ級数の和を無限までとらずに，回折強度が観測できたところまでで打ち切っているためである．このような位置に原子を置いて最小二乗計算をすると，温度因子が発散してしまう．

精密化が終了した後でD-フーリエ図を調べて，重原子近辺の偽のピークを除いて$\pm 1\,e\text{Å}^{-3}$より大きなピークがあるときは，溶媒分子の存在や構造の乱れを検討する必要がある．このため，$\Delta\rho$の最大値($\Delta\rho_{\max}$)と最小値($\Delta\rho_{\min}$)を解析結果に報告することになっている．

6.6.3 水素原子の取り扱い

水素原子の電子は結合に使われていて拡がっているので，水素原子の位置を正確に決めるのは困難である．また，実験で得られる回折強度の正確さにも問題がある．水素原子の原子散乱因子は低角側に偏っているので，低角側の回折強度を精密に決めることが不可欠であるが，吸収効果や消衰効果のために誤差が多い．簡単な分子では他の原子の場合と同様にD-フーリエ図から求められて精密化できる場合もあるが，この場合は等方性温度因子で精密化する．等方性温度因子が$0.15\,\text{Å}^2$以上の大きな値になる場合は，根元の原子の等方性温度

因子の 1.2 〜 1.3 倍程度の温度因子に固定して精密化した方がよい．分子が大きくなると D-フーリエ図では見つけられなくなる．この場合には，近辺の非水素原子の位置関係から幾何学的な計算で座標を求めることができる．この座標からスタートして精密化することができるが，通常は水素原子が結合している根元の原子の動きに合わせて同じ幾何学的な位置に動かすだけにしている．この方法を**固定グループ**(rigid group)**法**という．あるいは根元の原子に合わせて幾何学的な構造を保ったまま一緒に動かす方法がある．これを**馬乗り**(riding atom)**法**という．メチル基の水素の場合は，C−H 距離を一定にしてメチル基の結合軸の周りで回転させて最適の位置を計算する方法もある．これらの場合には水素原子の座標の標準偏差は意味がなくなる．なお O−H⋯O の水素結合をしている OH 基の水素原子は D-フーリエ図で見つからない場合が多いので，O⋯O 上に計算で置くことが多い．精密化された後の結合距離を見ると，水素の電子が結合に使われているので，短くなる傾向がある．原子核の位置を直接決められる中性子回折では，C−H 距離は 1.08 Å となるが，X 線では 0.96 Å となる．また同様に，N−H や O−H も 0.90 Å や 0.80 〜 0.85 Å となる．

6.6.4 対称性を考慮した熱振動

原子が対称要素の上にあるときは，異方性温度因子はその対称性を満足しな

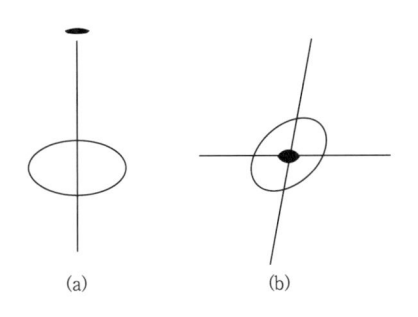

図 6.1 2 回回転軸上の原子の熱振動
  (a) 2 回軸に垂直な方向から，
  (b) 2 回軸方向から見た熱振動．

ければならない．たとえば原子が b 軸方向に2回回転軸上にあるときは，図6.1に示すように，熱振動楕円体は2回回転軸に垂直になる．このことは，U_{12} と U_{23} がゼロであることを意味している．したがって，これらの値をゼロに固定して精密化する必要がある．最近の解析プログラムでは自動的にこのような束縛条件が導入されているが，精密化が終了後確かめておくべきである．

演 習 問 題

［1］対称心のある空間群の結晶に異常散乱を示す原子を含む分子が含まれているとき，どのような効果が現れるかを説明せよ．

［2］(6.29)式で表されるように，束縛条件は原子間距離に対して付けることができる．角度に対してはどのような束縛条件をつければよいか説明せよ．

第7章 結果の整理

結晶構造解析が終了し，精密化の程度も基準を満たしていれば，解析された結果を整理する必要がある．結晶構造解析は，一度解析に成功すればそれ以後は誰もがその結果を利用できるので，正確に記録されなければならない．最近の解析プログラムでは必要データを自動的に計算しているが，その内容を知っておくことは不可欠である．

7.1 結晶データ

結晶解析の結果を報告するときには，表7.1の結晶データが不可欠である．これらのデータは4軸型自動回折装置で測定していたときの条件であるので，イメージングプレートやCCDなどの二次元検出器が使われるようになった現在では変更すべき点もある．たとえば，格子定数は全部の回折(反射)データを使って計算しているので，精密化した反射数やその角度は不要である．しかし当面はこの数値を書き入れる必要がある．データ測定に使用した結晶の色や形(針状，板状，粒状など)や大きさは実験ノートに必ず記録しておく必要がある．F(0 0 0)は化学式から計算される全電子数である．

次に実験条件を報告する．測定方法は4軸型自動回折装置では ω-スキャンや ω-2θ スキャンなどであったが，二次元検出器では少しずつ振動範囲を変えてとる**振動法**(oscillation method)である．独立な反射数とは，ラウエ対称で等価な構造因子を平均した構造因子の数である．対称心を持たない空間群では異常散乱があるので，$F(h k l)$ と $F(\bar{h} \bar{k} \bar{l})$ は平均しない．しきい値以上の強度とは $I(h k l) > 2\sigma\{I(h k l)\}$ あるいは $F(h k l) > 4\sigma\{F(h k l)\}$ の条件を指す場合が多い．吸収の補正には，X線が結晶内を通過する経路を結晶の外形から計算して補正する数値解析法と，等価な反射の間で強度が一致するような

第7章 結果の整理

表7.1 結晶データと解析条件

結晶データ
(1) 化学式（formula）
(2) 式量（formula weight）
(3) 晶系（crystal system）
(4) 空間群（space group）
(5) 測定温度（measurement temperature）
(6) 格子定数（lattice constant） $a, b, c, \alpha, \beta, \gamma, V$
(7) 格子定数の精密化に使用した反射数
(8) 上記反射の回折角（θ）の範囲
(9) 使用したX線の種類とその波長
(10) 単位胞内の分子数
(11) 密度の計算値（D_X）
(12) 吸収係数（μ）
(13) 結晶の色
(14) 結晶の形
(15) 結晶の大きさ
(16) F(0 0 0)

解析条件
(17) 使用した回折装置
(18) 測定方法
(19) 測定角度範囲
(20) 測定した指数の範囲
(21) 測定反射数
(22) 独立な反射数
(23) 強度のしきい値の条件
(24) しきい値以上の強度の独立な反射数
(25) 吸収補正の方法
(26) 透過率の最大値と最小値
(27) 等価な反射の一致度，R_{int}
(28) 初期構造の決定法
(29) 最小二乗法の条件（FかF^2か）
(30) 最終のR, wR, S, wR_2の値
(31) 反射の重みwのつけ方
(32) 精密化に使用した独立な反射数
(33) パラメータ数
(34) $(\Delta/\sigma)_{max}$
(35) 電子密度の残差，$\Delta\rho_{max}$, $\Delta\rho_{min}$
(36) 使用したプログラム名
(37) 温度因子の適用法（等方性か異方性か）
(38) 水素原子の位置の求め方と精密化の方法

パラメータを最小二乗法で計算し，そのパラメータを使って各反射の吸収補正を行う簡便法がある．どのような吸収補正を行うべきであるかという問題は，吸収補正項の大きさに依存する．結晶の吸収係数 μ と最大の長さを x として，$\mu x < 0.1$ なら吸収補正値はわずかであるので，補正を行う必要がない．$0.1 < \mu x < 3.0$ のときは簡便法でよい．$\mu x > 3.0$ のときは数値解析法で補正することが求められている．このような補正を行った後，等価な構造因子の一致度 R_int を計算する．

次に解析法と精密化の方法を記述する．初期構造の求め方は，どのような方法で，どのプログラムを使用して求めたかを書く．構造の精密化にはどのプログラムを使用したか，またそのときに $F(h\,k\,l)$ の実測値と計算値を一致させたのか，$F(h\,k\,l)^2$ の実測値と計算値を一致させたのかを書く．とくに精密化の方法によって収束した値は異なる場合もあるので，ここで要求された値を書く．最後のサイクルでの R 因子と，重み付きの wR 因子と S 因子の値を書く．R 因子は全反射についてのものと，しきい値以上の反射のみで計算したものとを書く．$F(h\,k\,l)^2$ で一致させた場合にはそのときの R 因子 (wR_2 因子) の値も書く．精密化に使用した反射数は精密化した変数の 10 倍以上が必要とされている．10 倍という値は理論的には根拠がないが，通常の有機化合物結晶では回折データを回折角の限度 (θ_max) 以上に測定していれば 10 倍以上になっている[†]．ただし，構造の乱れや熱運動が激しい場合には高角度側の回折データがほとんどゼロとなる場合があり，この場合は見かけ上は 10 倍以上になっているが，解析の精度はよくない場合もある．

7.2 結晶構造図と分子構造図

結晶構造図(figure of crystal structure) は，分子の重なりが少ないように，図 7.1 のように最も短い軸方向の**投影図**(projected figure) を描く．このとき分子間の水素結合を破線で示す．分子間の相対的な配置を示したいときは，図

[†] Cu K$_\alpha$ 線を使った場合は $2\theta_\text{max} = 140°$ の回折データを，Mo K$_\alpha$ 線を使った場合は $2\theta_\text{max} = 55°$ の回折データを集めることが求められている．

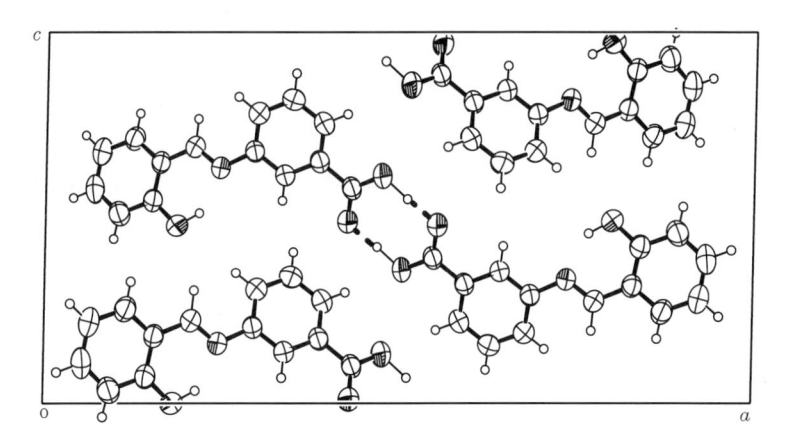

図7.1　*N*-サリチリデン-3-カルボキシアニリンの結晶構造図

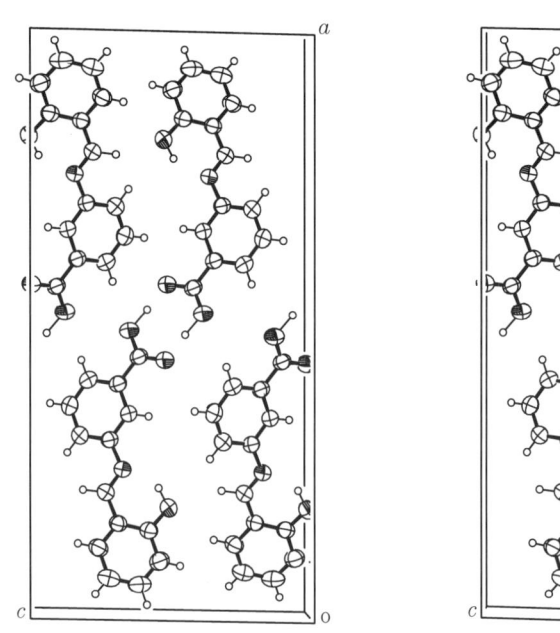

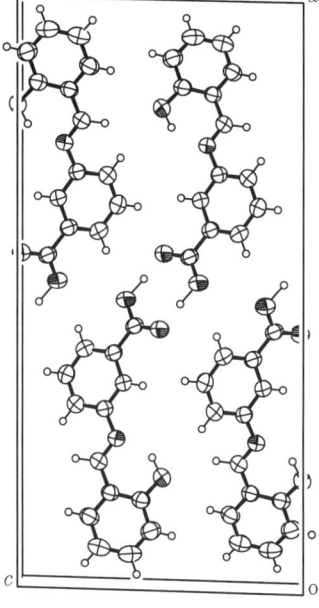

図7.2　結晶構造のステレオ投影図

図7.3 ORTEPで計算した分子構造図(N-サリチリデン-3-カルボキシアニリン)

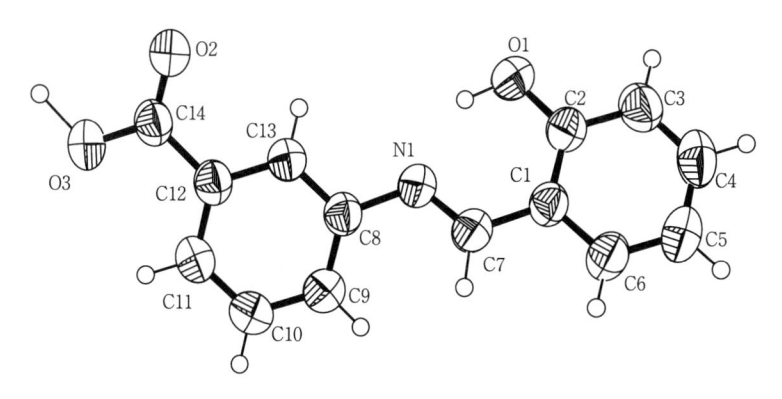

7.2のようにステレオ図で示すことができる．また特徴的な分子配列であれば，そのことを指摘しておく．なお，結晶構造のステレオ図の一方だけを描いたものは投影図ではないので注意する．

分子構造図(figure of molecular structure)は，できるだけ原子が重ならないような方向から図7.3のようにORTEP図(熱振動楕円体図)を描く．分子の慣性モーメントの最も大きい方向がよい場合が多い．熱振動楕円体の**存在確率**(probability)も必ず記述する．通常は50％であるが，大きすぎて原子の重なりが多くなるときや結合が見えなくなるときは，30％や20％にして楕円体を小さくする必要がある．分子構造図には必ず原子の番号をつけておく．原子の番号は分子全体の通し番号にするか，元素ごとに通し番号にするかして，欠番がないようにする．ただし水素原子の番号は例外で，根元の原子の番号に関連して付けることが多い．

7.3 結合距離，結合角，ねじれ角

原子$1(x_1, y_1, z_1)$と原子$2(x_2, y_2, z_2)$の間の距離l_{12}は格子定数a，b，c，α，β，γを使えば次の式で与えられる．

$$l_{12} = \{a^2(x_1 - x_2)^2 + b^2(y_1 - y_2)^2 + c^2(z_1 - z_2)^2 \\ + 2ab\cos\gamma(x_1 - x_2)(y_1 - y_2)$$

$$+ 2bc\cos\alpha(y_1 - y_2)(z_1 - z_2)$$
$$+ 2ca\cos\beta(z_1 - z_2)(x_1 - x_2)\}^{1/2} \quad (7.1)$$

しかし，原子数が多くて計算する原子間距離が多い場合には，分率座標を直交座標軸に変換してから原子間距離を計算すると計算時間が短くなる．直交座標系としては，a軸，(a,b)面内でa軸に垂直でb軸方向に近い軸，(a,b)面に垂直でc軸方向に近い軸とする．各原子の座標には標準偏差があるので，この原子座標の標準偏差から結合距離の標準偏差が計算される．

原子1と原子2の結合距離をl_{12}とし，原子1と原子3の結合距離l_{13}とすると，結合角θ_{123}は次の余弦定理の式で表される．

$$\cos\theta_{123} = \frac{l_{12}{}^2 + l_{13}{}^2 - l_{23}{}^2}{2l_{12}\,l_{13}} \quad (7.2)$$

4個の原子の間に3つの結合があると，図7.4(a)のように中央の結合に対して両端の結合のねじれ角 $\tau_{1,2,3,4}$ を定義する必要がある．図7.4(b)に示すように，原子2と原子3の結合を原子2の方向から見て，原子1と原子2の結合と原子3と原子4の結合を描く．このとき原子3と原子4の結合が原子1と原子2の結合から何度回転すると重ねることができるかということで，時計回りを＋に，反時計回りを－にとる．したがって，＋180°から－180°までの角度になる．なお，原子にはあらかじめ番号が付いているわけではないので，原子3から原子2を見るというように逆に見ることもある．しかし逆からみると，結合1-2が結合3-4から何度回すと重なるかということになり，この値は符号

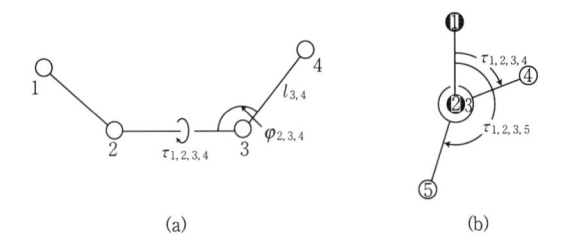

図7.4 ねじれ角の定義
(a)1-2-3-4の結合からなる分子，(b)2から3の方向に投影する．

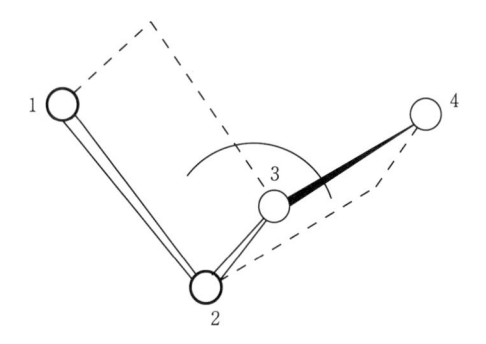

図7.5　二面角の定義とねじれ角

も含めて同じになる．

なお，類似した角度として二面角がある．これは2つの平面のなす角度である．ただし平面は無限に広がっているので，常に0°から90°にとる．図7.5に示すように，ねじれ角も1,2,3からなる面と2,3,4からなる面の二面角で表されるが，＋側なのか－側なのか，鋭角側なのか鈍角側なのか不明なので，ねじれ角の表現には使わない．

7.4　最適平面

解析された構造のなかで，一群の原子団が同一平面上にあるかどうかということは化学的に興味ある問題である．そのためには，これら原子団の平均平面を計算して，その平面からの各原子の距離を比較すればよい．この平均平面は原子団を構成する原子の平面からの距離の2乗の和を最小にする最小二乗法で求めるので，**最適平面**(best plane)とも呼ばれている．n個の原子の平均平面を

$$n_1 x + n_2 y + n_3 z = d_0 \tag{7.3}$$

とし，j番目の原子の座標を$\bm{r}_j(=x_j, y_j, z_j)$とすると，この原子の平均平面からのずれd_jは次の式で表される．

$$d_j = n_1 x_j + n_2 y_j + n_3 z_j - d_0 \tag{7.4}$$

そこで最適平面を求めるには，次のDを最小にすればよい．ここでw_jは各原

子の重みで，通常は1でよい．

$$D = \sum w_j d_j^2 \qquad (7.5)$$

最小二乗法で最小にしたときの n_1，n_2，n_3，d_0 を求めればよい．

7.5 剛体振動モデル

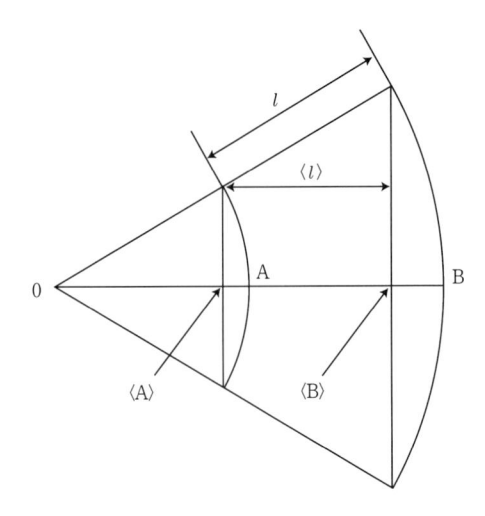

結晶内の分子がほぼ剛体として熱振動していると仮定して，最小二乗法で求められた各原子の異方性温度因子から，剛体としての熱振動の並進振動と回転振動に分離して解析することができる．並進と回転が相関したらせん振動をつけ加える場合もある．これらの剛体振動を各原子に割り当てて，最小二乗法で求められた異方性温度因子から差し引いた差の異方性温度因子が計算される．この値から各原子の独自の熱振動の様子も明らかにすることができる．結合している2つの原子について差の異方性温度因子が大きく異なるときは，図7.6のような効果が働く．すなわち，本来AとB位置にある2つの原子が熱運動によって⟨A⟩と⟨B⟩の位置にあるように見えるために，実際のA-B距離 l が ⟨l⟩ となって短くなるので結合距離の補正が必要となる．有機結晶では 0.01 Å 程度の補正が必要になるときもある．

図 7.6　熱振動による原子間距離の補正

7.6 CIFとデータベース

結晶構造解析が終了すると，解析プログラムは自動的に結果をCIF (Crystallographic Information File)に書き出している．このファイルの特徴は，データの種類や特殊文字を指示して記録してあるため，どのようなコンピュータでもデータの読み出しが可能なことである．このファイルで要求されているデータには表7.1の項目はすべて含まれているが，それ以上のデータもある．これは国際結晶学連合(IUCr)が出版している雑誌 Acta Crystallographica 誌の投稿規程で必要とされるデータがすべて含まれている．通常の化学雑誌では表7.1で充分である．また論文の著者やアブストラクトやコメント文を書くデータ項目もあるので，この項目を書き込むと，このまま Acta Crystallographica 誌のCやEシリーズの投稿論文とすることができる．ただしコンピュータは万能ではないので，途中で解析プログラムを変えた場合などは前のプログラムで使ったデータが引き継がれていない．そのときは適当な標準値が書かれている場合があるので注意しなければならない．

結晶構造解析が正しく行われている場合，その結果をデータベースに登録しておくと，誰でもデータを使うことができる．現在結晶構造解析のデータベースとしては4つある．

C−H結合を持たず，金属や合金でもない無機化合物を収録したデータベースとしては ICSD(Inorganic Crystal Structure Database)がある．約5万個のデータが収録されている．これは最初にドイツのボン大学で作られたが，その後，フランクフルトとカールスルーエの研究所で協力して作られている．

C−H結合を含む有機化合物と有機金属化合物を収録したデータベースとしては CSD(Cambridge Structural Database)がある．約22万個のデータが収録されている．これは最初ケンブリッジ大学で作られたが，その後発展して，Cambridge Crystallographic Data Center (CCDC)で収録が続けられている．

タンパク質などを収録したデータベースとしては PDB(Protein Data Bank)がある．これは最初アメリカのブルックヘブン国立研究所で作られた．現在約2万個が収録されている．

金属や合金の他，半導体やリン化金属や硫化金属を収録したデータベースとしてはCRYST－MET(Metals Crystallographic Data File)がある．約5万2千個のデータが収録されている．これはカナダの国立研究所で維持されている．

さらに勉強したい人たちのために

実験書として詳しく書かれた本として，

　日本化学会編：実験化学講座 10 回折（飯島孝夫，大橋裕二 編），丸善 (1992)

がある．近く新しい改訂版が発行される予定である．

詳しい広範囲の結晶解析のハンドブックとして，

　日本結晶学会：結晶解析ハンドブック（編集委員会 編），共立出版(1999)

がある．

結晶化のために書かれた本として，

　平山令明 編著：有機結晶作製ハンドブック，丸善(2000)

物理実験書として書かれた本として，

　藤井保彦 編著：実験物理学講座 5 構造解析，丸善(2001)

本書と同様に教科書として書かれた本として，

　平山令明：生命科学のための結晶解析入門 ― タンパク質結晶解析のてびき，丸善(1996)

　大場 茂，矢野重信 編著：X 線構造解析，朝倉書店(1999)

　安岡則武：これならわかる X 線結晶解析，化学同人(2000)

がある．

外国で出版された教科書では以下のものがある．

　Glusker, J. P. and Trueblood, K. N.: Crystal Structure Analysis, Oxford University Press (1985)

　Ladd, M. F. C.: Symmetry in Molecules and Crystals, Ellis Horwood (1989)

　Stout, G. H. and Jensen, L. H.: X-Ray Structure Determination, Wiley

& Sons (1989)

Senechal, M.: Crystalline Symmetries — An Informal Mathematical Introduction, Adam Hilger (1990)

Coppens, P.: Synchrotron Radiation Crystallography, Academic Press (1992)

Glusker, J. P., Lewis, M. and Rossi, M.: Crystal Structure Analysis for Chemists and Biologists, Verlag Chemie (1994)

Ladd, M. F. C. and Palmer, R. A.: Structure Determination by X-Ray Crystallography, Kluwer Academic (1994)

Borchardt-Ott, W.: Crystallography, Springer-Verlag (1995)

Dunitz, J. D.: X-Ray Analysis and Structure of Organic Molecules, Cornell University Press (1995)

Rousseau, J.-J.: Basic Crystallography, John Wiley & Sons (1995)

Hammond, C.: The Basics of Crystallography and Diffraction, Oxford University Press (1997)

Woolfson, M. M.: An Introduction to X-Ray Crystallography, Cambridge University Press (1997)

Woolfson, M.: X-Ray Crystallography, Cambridge (1997)

Giacovazzo, C.: Direct Phasing in Crystallography, Oxford University Press (1998)

Clegg, W.: Crystal Structure Determination, Oxford University Press (1998)

Giacovazzo, C. ed.: Fundamentals of Crystallography, Oxford University Press (2002)

Massa, W.: Crystal Structure Determination, Springer (2004)

その他の参考書として，以下のシリーズがある．

Hahn, T. ed.: International Tables for Crystallography Volume A — Space group symmetry, Kluwer Academic Publishers (2002)

Hahn, T. ed.: International Tables for Crystallography Brief Teaching Edition of Volume A, Kluwer Academic Publishers (2002)

Shmueli, U. ed.: International Tables for Crystallography Volume B — Reciprocal Space, Kluwer Academic Publishers (2001)

Wilson, A. J. C. ed.: International Tables for Crystallography Volume C — Mathematical, physical and chemical tables, Kluwer Academic Publishers (1999)

Authier, A. ed.: International Tables for Crystallography Volume D — Physical Properties of Crystals, Kluwer Academic Publishers (2003)

Kopsky, V. and Litvin, D. B. eds.: International Tables for Crystallography Volume E — Subperiodic groups, Kluwer Academic Publishers (2002)

Rossman, M. G. and Arnold, E. eds.: International Tables for Crystallography Volume F — Crystallography of Biological Macromolecules, Kluwer Academic Publishers (2001)

Hall, S. R. and McMahon, B. eds.: International Tables for Crystallography Volume G — Definition and Exchange of Crystallographic Data, Springer (2005)

演習問題の解答

第 1 章

[1] NaCl 結晶の単位胞の中には Na 原子が 4 個と Cl 原子が 4 個存在する．周期構造では 1 周期離れた原子は隣の単位胞の原子だから数えないとすると，図から 4 個ずつ存在することがわかる．NaCl の 1 モルの質量を M，アボガドロ数を N_A，結晶の密度を ρ とすると，この結晶の単位胞の体積 d^3 は次式となる．

$$d^3 = \frac{4M}{N_A \rho}$$

この式に数値を代入すると，

$$d^3 (\text{cm}^3) = \frac{4 \times 58.5}{6.02 \times 10^{23} \times 2.17} = 179.1 \times 10^{-24}$$

となり，

$$d = 5.64 \times 10^{-8} (\text{cm}) = 5.64 \text{ Å}$$

となる．また Na 原子と Cl 原子間の距離は 2.82 Å となる．

[2] KCl が NaCl と同構造で，その結晶構造の周期が NaCl などから予想される周期の半分になるということは，K 原子の持つ電子数と Cl 原子の持つ電子数が同じで，2 つの原子が X 線では区別がつかなくなったということである．K 原子は原子番号が 19 番で電子数は 19 個，Cl 原子は原子番号 17 番で電子数は 17 個であるから，K 原子から電子が 1 個 Cl 原子に移ったと仮定すると，どちらの原子も 18 個の電子数となって電子数は同じとなる．すなわち，K^+ イオンと Cl^- イオンに変化していることを示している．このことから，ハロゲン化アルカリは結晶中ではほぼ完全にイオン化していると考えられた．しかし，これは結晶中の構造であるから，気体分子となった NaCl などはこのように完全にイオン化しているわけではない．

演習問題の解答

第 2 章

[1]

h	F(h)	$\dfrac{\sin\theta}{\lambda}$	a
1	16.5	0.062	8.06
2	19.5	0.125	8.00
3	28.9	0.188	7.98
4	24.4	0.250	8.00
5	19.5	0.313	7.99
6	10.2	0.375	8.00
7	22.2	0.438	7.99
8	13.9	0.500	8.00
9	8.0	0.563	7.99
10	13.2	0.625	8.00
平均			8.00

[2] $a = 8.00\,\text{Å}$

[3] $\sin\theta > 1.0$ となるので求められない．

[4] $\dfrac{8}{10} = 0.8\,\text{Å}$

[5] 波長 λ を短くする．

[6] F(0) = 55

[7]

x	$\rho(x)$	x	$\rho(x)$
0.00	50.95	0.30	9.7
0.05	10.5	0.35	0.6
0.10	-2.2	0.40	9.6
0.15	-0.8	0.45	2.8
0.20	2.5	0.50	3.4
0.25	5.7		

図は省略．

[8] 縦軸を $\rho(x)$,横軸を x としてグラフを描く.このグラフの極大値から,N 原子と C 原子の座標,x_N と x_C はそれぞれ 0.28 と 0.41 となる.

[9] Cu−N：$0.28 \times 8.00 = 2.24$ Å

N≡C：$(0.41 - 0.28) \times 8.00 = 1.04$ Å

C−C：$2 \times (0.50 - 0.41) \times 8.00 = 1.44$ Å

[10]

h	$\dfrac{\sin\theta}{\lambda}$	$f_{Cu}\left(\dfrac{\sin\theta}{\lambda}\right)$	$f_N\left(\dfrac{\sin\theta}{\lambda}\right)$	$f_C\left(\dfrac{\sin\theta}{\lambda}\right)$
1	0.062	28.17	6.66	5.62
2	0.125	26.25	5.80	4.71
3	0.188	23.98	4.76	3.73
4	0.250	21.69	3.83	2.95
5	0.313	19.41	3.09	2.40
6	0.375	17.31	2.56	2.05
7	0.438	15.50	2.21	1.84
8	0.500	13.71	1.94	1.69
9	0.563	12.26	1.78	1.59
10	0.625	11.07	1.66	1.51

[11]

h	$F_o(h)$	$F_c(h)$	$|F_o(h) - F_c(h)|$
1	16.5	16.2	0.3
2	19.5	19.5	0.0
3	28.9	30.0	1.1
4	24.4	23.5	0.9
5	19.5	19.0	0.5
6	10.2	11.2	1.0
7	22.2	22.3	0.1
8	13.9	13.3	0.6
9	8.0	7.6	0.4
10	13.2	13.0	0.2

演習問題の解答   147

[12]
$$R = \frac{\sum |F_o(h) - F_c(h)|}{\sum F_o(h)}$$
$$= \frac{0.3 + 0.0 + 1.1 + 0.9 + 0.5 + 1.0 + 0.1 + 0.6 + 0.4 + 0.2}{16.5 + 19.5 + 28.9 + 24.4 + 19.5 + 10.2 + 22.2 + 13.9 + 8.0 + 13.2}$$
$$= 0.029$$

第 3 章

[1] 90°．鏡面が回転軸に対して90°以外だと，鏡面と回転軸を組み合わせると無数の対称操作が現れる．

[2] 図3.16にあるように，120°回転して回転軸方向に2/3周期並進する操作を2回行うと，240°回転して1周期先の格子の1/3並進したところになり，3回目で2周期先の格子の元と同じ位置にたどり着くことになる．周期構造であるので，各周期単位には同じものがあるはずだから，元の格子にも240°回転して1/3並進した操作が存在する．この操作から考えると，逆回転して1/3並進したと考えてもよいことになる．すなわち，3_1と3_2らせんの回転方向が逆と考えてよい．

[3] 略．

第 4 章

[1] $\exp(-2\pi i h\varDelta x)$の位相のずれの関数を波と考えると，$h$が1のときは波の周期と格子の周期が同じなので，この位相を決めると$\varDelta x$は一義的に決まるが，hが1でないときは格子の1周期の間にh回の波が存在することになる．つまり波長が$1/h$になっている．そうすると，それぞれの波で同じ位相が1個ずつ存在するので，$\varDelta x$は等間隔でh個のどれかを指定したことになる．

[2] この空間群の重原子同士のパターソンピークは，
$$(2x, 2y, 2z)；(-2x, 1/2, 1/2-2z)；(0, 1/2-2y, 1/2)$$
であるから，
$$(2x, 2y, 2z) = (0.40, 0.30, 0.20)；$$
$$(-2x, 1/2, 1/2-2z) = (0.60, 0.50, 0.30)；$$
$$(0, 1/2-2y, 1/2) = (0.00, 0.20, 0.50)$$
とすると，

$$2x = 0.40,\ 2y = 0.30,\ 2z = 0.20$$

となる．この式から，重原子の座標は $(0.20, 0.15, 0.10)$ となる．

[3] $\gamma = \dfrac{27^2}{6^2 \times 63 + 1 \times 88 + 7^2 \times 14 + 8^2 \times 14 + 15^2} = 0.175$

[4] タンパク質結晶の構造因子を $F_P(\boldsymbol{K})$，重原子の寄与を $F_H(\boldsymbol{K})$，軽原子の寄与を $F_L(\boldsymbol{K}) = \sum_{j=1}^{N_L} f_j \exp\{2\pi i(hx_j + ky_j + lz_j)\}$ とすると，$F_L(\boldsymbol{K})$ を構成する各軽原子の寄与分 $f_j \exp\{2\pi i(hx + ky + lz)\}$ は位相がばらばらであるので，数は多いが足し合わせても $F_P(\boldsymbol{K})$ 方向に寄与する成分はそれほど多くならない．それに比べて重原子は少数個であるので，その座標から決められた $F_H(\boldsymbol{K})$ の寄与分は確実に $F_P(\boldsymbol{K})$ に反映している．重原子も軽原子もそれぞれの電子数に当たる分だけ同じように $F_P(\boldsymbol{K})$ に寄与していると考えていたところに落し穴があった．

第 6 章

[1] (5.29) 式は，

$$\begin{aligned}F(h\,k\,l) = &\Big[\sum_{j=1}^{n-1} f_j \cos\{2\pi(hx_j + ky_j + lz_j)\} \\ & - f_M'' \sin\{2\pi(hx_M + ky_M + lz_M)\}\Big] \\ & + i\Big[\sum_{j=1}^{n-1} f_j \sin\{2\pi(hx_j + ky_j + lz_j)\} \\ & + f_M'' \cos\{2\pi(hx_M + ky_M + lz_M)\}\Big]\end{aligned}$$

である．対称心があれば (x_j, y_j, z_j) に $(-x_j, -y_j, -z_j)$ があり，(x_M, y_M, z_M) にも $(-x_M, -y_M, -z_M)$ が存在するので，cos 項は 2 倍となり sin 項はゼロとなる．

$$\begin{aligned}F(h\,k\,l) = &\ 2\sum_{j=1}^{n/2-1} f_j \cos\{2\pi(hx_j + ky_j + lz_j)\} \\ & + 2i f_M'' \cos\{2\pi(hx_M + ky_M + lz_M)\}\end{aligned}$$

となるが，$F(\bar{h}\,\bar{k}\,\bar{l})$ もまったく同じである．しかし回折強度は，

$$\begin{aligned}I(h\,k\,l) \propto F(h\,k\,l)^2 = &\ 4[\sum f_j \cos\{2\pi(hx_j + ky_j + lz_j)\}]^2 \\ & - 4[f_M'' \cos\{2\pi(hx_M + ky_M + lz_M)\}]^2\end{aligned}$$

となって第 2 項の分だけ異なる．

[2] (6.29) 式で，$\sum_{j=1}^{3} w_j(l_{o,j} - l_{c,j})^2$ の項は長さのみの束縛である．そのため，角度 ∠A-B-C に束縛をかけるには，A-B，B-C の他に，A-C の長さにも束縛をかければ，∠A-B-C に束縛をかけたことになる．

索　　引

ア

R_E 値　88
ICSD　139
アウイ (R. Haüy)　8
Acta Crystallographica
　　誌　139

イ

$|E(K)|$ の強度分布　84
E-マップ　89
イザベラ・カール
　　(Isabella Karle)　90
異常散乱効果　25
位相　17
位相角 $\phi(hkl)$　38
位相関係式　79
位相差　21
位相問題　78
一次の消衰効果　106
異方性温度因子　103
陰極線　3

ウ

ウィルソン統計　82
ウールフソン
　　(M. Woolfson)　91
馬乗り法　129
運動学的散乱　108

エ

映進面　59
A, B, C 底心格子　53
S 値　123

X 線　2
X 線回折強度の絶対測
　　定　100
X 線の波長　3
X 線の発見　4
n 映進面　61
NaCl 型構造　3
エワルド (P. Ewald)　5
エワルド球　36
円偏光　17

オ

ω-スキャン　131
ω-2θ スキャン　131
重み　121
重みつきの信頼度因子
　　wR　124
ORTEP 図 (熱振動楕円
　　体図)　135
温度因子　41

カ

カール (J. Karle)　89
回折球　36
回折現象　2
回折格子　2
回折斑点　2
回転操作　45
回反軸　47
回反心　47
固い束縛条件を課した
　　精密化　126
干渉縞　2
完全結晶　108

キ

規格化構造因子　83
偽対称　126
逆空間　31
逆格子　31
逆変換　37
吸収係数　11
吸収補正の簡便法　133
級数打ち切りの誤差
　　128
協同効果　101
鏡面　59
鏡面対称　59

ク

空間群　61
空間格子　56
屈折率　11
クニッピング
　　(P. Knipping)　6
CRYST-MET　140
クリック
　　(F. H. C. Crick)　9

ケ

蛍光 X 線分析　11
結合角　136
結合距離　135
結合距離の補正　138
結晶　2
結晶格子　44
結晶構造解析法　14
結晶構造図　133

結晶全体からの構造因子
  27
結晶面　31
限界球　36
原子位置分散因子　104
原子間ベクトルの集合
  92
原子散乱因子 $f(K)$　23
原子の存在確率　104
原点の指定　85
ケンドリュー (J. C. Kendrew)　9

コ

格子点　44
格子面　31
合成波　18,19
構造因子　27
剛体振動モデル　138
行路差　21
国際結晶学連合 (IUCr)
  139
コスター (D. Coster)
  114
固定グループ　129
コンプトン散乱　18

サ

最小二乗法　120
最短波長　9
最適平面　137
残差　121
三斜晶系　51
散乱因子　23
散乱角　17
散乱強度　23
散乱能　112
散乱波の強度　18

散乱ベクトル　22

シ

CIF　139
CSD　139
シェーンフリース
  (A. Shönflies)　61
シェーンフリースの記号
  50
シェルドリック (G. Sheldrick)　91
自己叩き込み関数　80
実空間　31
実格子　31
実格子のベクトル　30
質量吸収係数　12
尺度 (スケール) 因子　82
ジャコバッゾ
  (C. Giacovazzo)　91
斜方晶系　51,77
周期構造　2,44
周期単位　3
重原子結晶　98
重原子法　93
酒石酸のナトリウムルビジウム塩の結晶　118
晶系　51
消衰効果　106
消衰効果の補正　108
晶族　51
消滅則　68,71
初期位相値　89
振動数　16
振動法　131
振幅　16
信頼度因子　124

ス

数値解析法　131,133
ステノ (F. Steno)　7
ステレオ図　135
スピネル　63
スピネル構造　62

セ

正方晶系　52
精密化　120
セイヤー (D. Sayre)　79
セイヤーの等式　80
積分強度　111
絶対構造　115
閃亜鉛鉱 ZnS　113
全回折強度　111
占有率　105

タ

対称操作　45
対称の要素　45
体心格子 (I)　53
ダイヤモンド映進面　61
楕円体　104
多重度　105
単位格子　44
単位胞　26,45
tangent 式　87
単斜晶系　51
単純格子　53
単色 X 線　10
タンパク質結晶　98

チ

逐次フーリエ法　94
中性子の波長　13
長周期構造　110

索　引

調節因子　122
直接法　79
直方晶系　51, 77

テ

d 映進面　61
D-フーリエ図　128
点空間群　56
点群　50
電子の波長　12
電磁波　3, 16
電子密度　23, 37

ト

投影図　133
等価位置　68
等価等方性温度因子　103
等価な構造因子の一致度　133
同形結晶　97
同形置換法　97
等方性温度因子　41
等方的な熱運動　39
動力学的散乱　108
特性 X 線　10
トムソン散乱　18

ニ

2回らせん軸　57
西川正治　62
二次の消衰効果　106
二重散乱　108
230種　61
二面角　137

ネ

ねじれ角　136

熱散漫散乱　109
熱振動　39
熱振動楕円体　130

ハ

ハーカーピーク　93
バーロウ(W. Barlow)　62
バイフット(J. M. Bijvoet)　115
ハウプトマン(H. A. Hauptman)　89
白色 X 線　10
パターソン (A. Patterson)　91
パターソン関数　65, 91
波長　16

ヒ

p 回回転軸　45
PDB　139
左まわりのらせん　57
標準偏差　123

フ

フィッシャー (E. Fisher)　115
フーリエ変換　37
フェドロフ (E. Fedorov)　61
不完全結晶　112
複合格子　53
フラックのパラメータ　125
ブラッグの条件　35
ブラッグ斑点　110
ブラッグ父子(H. Bragg & L. Bragg)　3

ブラベ格子　56
フリーデル則　69
フリードリッヒ (W. Friedrich)　6
分子構造図　135
分率座標　37

ヘ

平均構造　111
平均二乗変位　41
ベクトルサーチ法　95
ベクトルの集合　95
ヘモグロビン　9
ペルツ(M. Perutz)　9, 97
ヘルマン-モーガンの記号　50
偏向因子　18

ホ

ポーリング(L. C. Pauling)　8
ホジキン(D. C. Hodgkin)　102

ミ

ミオグロビン　9
右まわりのらせん　57
乱れた構造　126
ミラー指数　32

メ

面間隔　34
面指数　32
面心格子(F)　53

モ

モザイク結晶　108

ヤ

軟らかい束縛条件を課した精密化　127

ユ

有理指数の法則　8, 32

ラ

ラウエ(M. von Laue)　1
ラウエ関数　28
ラウエ群　69
ラウエの回折実験　2
ラウエの条件　29
らせん軸　59

リ

立方晶系　52
硫酸銅の五水和物結晶　2, 6, 7
菱面体晶系　52
レニンガー効果　108
連続X線　10

レ

レントゲン(W. Röntgen)　2
レントゲン線　4

ロ

ローレンツ因子　37
六方晶系　52

ワ

ワトソン(J. D. Watson)　9

著者略歴

大橋 裕二（おおはし ゆうじ）

1941 年　福井県に生まれる
1964 年　東京大学理学部化学科卒業
1968 年　東京大学大学院理学系研究科博士課程中退
1968 年　東京工業大学理学部助手
1985 年　お茶の水女子大学理学部助教授
1988 年　同教授
1989 年　東京工業大学理学部教授
1998 年　東京工業大学大学院理工学研究科教授
2005 年　同定年退職，名誉教授

化学新シリーズ　X 線結晶構造解析

2005 年 9 月 25 日　第 1 版発行
2024 年 8 月 5 日　第 5 版 1 刷発行

検印省略

定価はカバーに表示してあります．

増刷表示について
2009 年 4 月より「増刷」表示を「版」から「刷」に変更いたしました．詳しい表示基準は弊社ホームページ
http://www.shokabo.co.jp/
をご覧ください．

著作者　大　橋　裕　二
発行者　吉　野　和　浩
発行所　東京都千代田区四番町 8-1
　　　　電話 東京 3262-9166（代）
　　　　郵便番号 102-0081
　　　　株式会社　裳　華　房
印刷所　中央印刷株式会社
製本所　株式会社　松　岳　社

一般社団法人
自然科学書協会会員

JCOPY〈出版者著作権管理機構 委託出版物〉
本書の無断複製は著作権法上での例外を除き禁じられています．複製される場合は，そのつど事前に，出版者著作権管理機構（電話 03-5244-5088, FAX 03-5244-5089, e-mail: info@jcopy.or.jp）の許諾を得てください．

ISBN 978-4-7853-3214-3

© 大橋裕二，2005　　Printed in Japan

結晶化学 —基礎から最先端まで—

大橋裕二 著　B5判／210頁／定価 3410円（税込）

"原子・分子の構造の解明"から，"分子間相互作用の解明"へ——．近年急速に進歩を遂げ，ついに結晶中の分子の動きまで捉えうるようになった現代「結晶化学」の経緯と到達点，および今後の可能性をあますところなく伝える決定版．
【主要目次】1. 物質の構造　2. 結晶の対称性　3. 結晶構造の解析法　4. イオン結合とイオン半径　5. ファンデルワールス相互作用　6. 電荷移動型相互作用　7. 水素結合　8. 結晶多形と相転移　9. 結晶構造の予測　10. 固体中の分子の運動　11. 有機固相反応　12. 有機結晶の混合による反応　13. 結晶相反応　14. 中性子回折を利用した反応機構の解明　15. 反応中間体の構造解析

応用物理学選書4
X線結晶解析の手引き

桜井敏雄 著　A5判／298頁／定価 5940円（税込）

X線による結晶構造解析により物質の原子的構造を目で見るように知ることができる．しかし，初心者が実際にやろうとすると，どうしたらよいかわからなかったり，やっている途中でうまくいかないことが多い．こうした人たちの相談相手として最適の書．
【主要目次】1. 概観　2. 対称　3. 回折データの測定　4. 結晶解析の手はじめ　5. 直接法　6. 結晶解析の完成　7. フーリエ合成と結晶構造因子　8. 計算プログラムとデータ検索

物理科学選書2
X線結晶解析

桜井敏雄 著　A5判／416頁／定価 8800円（税込）

結晶解析は，複雑な構造を知るために数学的方法や計算法の原理の理解が必要だが，前半では，予備知識のない読者のために，できるだけ数学を使わないで結晶解析の方法の考え方を述べ，後半では，より進んだ読者のために数学的関係や計算法を詳しく解説．
【主要目次】1. 概論　2. 結晶の対称性　3. X線回折像の測定　4. 構造解析の方法　5. 結晶構造解析の数学　6. 結晶構造解析の計算

スタンダード 分析化学

角田欣一・梅村知也・堀田弘樹 共著
B5判／298頁／定価 3520円（税込）

基礎分析化学と機器分析法をバランスよく配した教科書．
【主要目次】I　分析化学の基礎　1. 分析化学序論　2. 単位と濃度　3. 分析値の取扱いとその信頼性　II　**化学平衡と化学分析**　4. 水溶液の化学平衡　5. 酸塩基平衡　6. 酸塩基滴定　7. 錯生成平衡とキレート滴定　8. 酸化還元平衡と酸化還元滴定　9. 沈殿平衡とその応用　10. 分離と濃縮　III　**機器分析法**　11. 機器分析概論　12. 光と物質の相互作用　13. 原子スペクトル分析法　14. 分子スペクトル分析法　15. X線分析法と電子分光法　16. 磁気共鳴分光法　17. 質量分析法　18. 電気化学分析法　19. クロマトグラフィーと電気泳動法